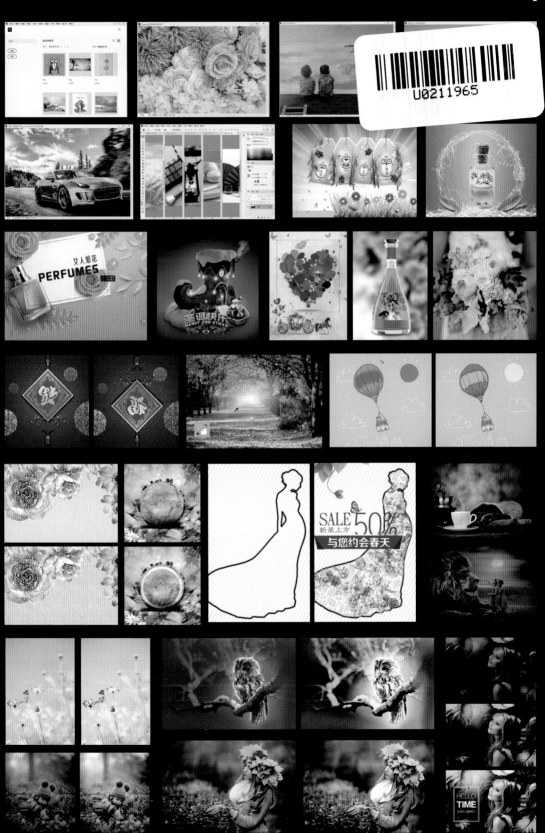

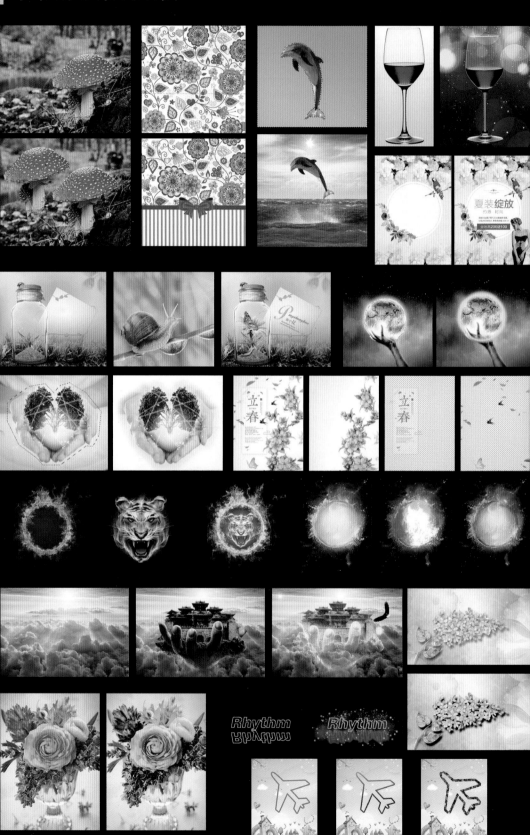

高等学校计算机应用规划教材

Photoshop 2020 图像处理标准教程

（微课版）

王晓娟　李微娜　郝晓龙　编著

清华大学出版社

北　京

内 容 简 介

本书循序渐进地讲解平面设计的相关知识以及 Photoshop 在图像处理中的基本操作、图像编辑、色彩调整、选区、绘画、图像修饰、路径、文字、蒙版、通道、滤镜、动作等方面的核心功能和典型应用案例。全书共 16 章，第 1 章和第 2 章介绍平面图像处理的相关知识；第 3 章～第 15 章介绍 Photoshop 软件的核心功能，并配以大量实用的操作练习和实例，让读者在轻松的学习过程中快速掌握 Photoshop 软件的使用技巧，同时达到对 Photoshop 软件知识学以致用的目的；第 16 章主要讲解 Photoshop 在平面图像处理方面的综合案例。

本书结构合理、思路清晰、语言简洁流畅、实例精彩，适合广大 Photoshop 软件使用者和从事图形图像处理工作的人员阅读，同时也适合作为高等院校相关专业的教材。

本书配套的电子课件、实例源文件及素材、习题答案和 Photoshop 等级考试模拟试卷及答案等资源可以到 http://www.tupwk.com.cn/downpage 网站下载，也可以通过扫描前言中的二维码获取。

本书封面贴有清华大学出版社防伪标签，无标签者不得销售。

版权所有，侵权必究。举报：010-62782989，beiqinquan@tup.tsinghua.edu.cn。

图书在版编目(CIP)数据

Photoshop 2020图像处理标准教程：微课版 / 王晓娟，李微娜，郝晓龙编著. —北京：清华大学出版社，2021.3 (2024.2重印)

高等学校计算机应用规划教材

ISBN 978-7-302-57217-6

Ⅰ. ①P… Ⅱ. ①王… ②李… ③郝… Ⅲ. ①图像处理软件—高等学校—教材 Ⅳ. ①TP391.413

中国版本图书馆 CIP 数据核字(2020) 第 260200 号

责任编辑：胡辰浩
封面设计：高娟妮
版式设计：孔祥峰
责任校对：成凤进
责任印制：丛怀宇

出版发行：清华大学出版社

      网 址：https://www.tup.com.cn，https://www.wqxuetang.com
      地 址：北京清华大学学研大厦 A 座   邮 编：100084
      社 总 机：010-83470000   邮 购：010-62786544
      投稿与读者服务：010-62776969，c-service@tup.tsinghua.edu.cn
      质 量 反 馈：010-62772015，zhiliang@tup.tsinghua.edu.cn

印 装 者：三河市铭诚印务有限公司
经 销：全国新华书店
开 本：185mm×260mm   印 张：20.75   彩 插：2   字 数：532 千字
版 次：2021 年 3 月第 1 版   印 次：2024 年 2 月第 2 次印刷
定 价：86.00 元

产品编号：078631-01

前　　言

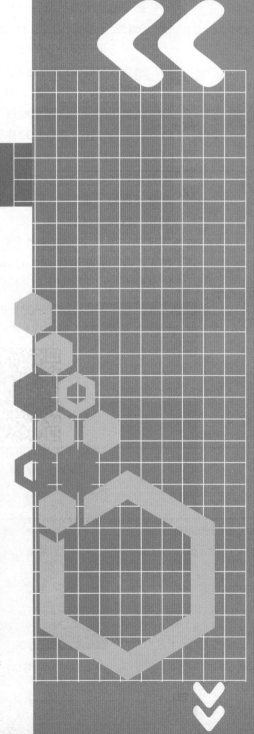

　　Photoshop是Adobe公司推出的图形图像处理软件，其功能强大、操作方便，是当今功能最强大、使用范围最广泛的平面图像处理软件之一，备受用户的青睐。

　　本书从图像处理初、中级读者的角度出发，合理安排知识点，运用简洁流畅的语言，结合丰富实用的练习和实例，由浅入深地讲解Photoshop 2020在平面图像处理中的应用，让读者可以在最短的时间内学习到最实用的知识，轻松掌握Photoshop在平面图像处理专业领域中的应用方法和技巧。书中涉及效果图较多，鉴于本书采用双色印刷方式，建议读者对照文前彩插、网上资源等进行阅读。

　　本书共16章，主要内容如下：

❑ 第1章和第2章主要介绍平面图像处理的相关知识。

❑ 第3章～第7章主要介绍Photoshop的基本操作、图像编辑、图像色彩填充、色域和溢色的概念、图像色彩调整、图像明暗度调整、图像特殊颜色调整、选区的创建和编辑等。

❑ 第8章和第9章主要讲解图层的应用，包括创建图层、编辑图层、图层的不透明度、图层的混合模式、调整图层、图层混合和图层样式等内容。

○ 第10章主要讲解图像的绘制、修饰和编辑，包括各种绘制工具的应用、修复工具的应用以及图像的编辑和擦除等。

○ 第11章和第12章主要讲解路径和文字的应用，包括利用钢笔工具、选区和形状创建路径，路径的描边和填充，创建与设置文字等。

○ 第13章主要讲解蒙版和通道的应用，包括通道和蒙版的创建、编辑及应用。

○ 第14章主要讲解滤镜的应用，包括常用滤镜的设置与使用、滤镜库的使用方法、智能滤镜的使用，以及各类常用滤镜的功能详解。

○ 第15章主要介绍图像的自动化处理，学习动作的作用与"动作"面板的用法，掌握进行自动化图像处理的操作方法。

○ 第16章主要讲解Photoshop在平面图像处理中的综合应用。

本书案例丰富、结构清晰、图文并茂、通俗易懂，适合以下读者学习使用：

○ 从事平面设计、图像处理的工作人员。

○ 对广告设计、图片处理感兴趣的爱好者。

○ 高等院校相关专业的学生。

本书分为16章，其中佳木斯大学的王晓娟编写了第1章~第7章，李微娜编写了第8章~第12章，郝晓龙编写了第13章~第16章。我们真切希望读者在阅读本书之后，不仅能开拓视野，还可以增长实践操作技能，并能够学习和总结操作的经验和规律，从而达到灵活运用Photoshop处理图像的水平。由于编者水平有限，书中纰漏和考虑不周之处在所难免，欢迎读者予以批评、指正。我们的邮箱是huchenhao@263.net，电话是010-62796045。

本书配套的电子课件、实例源文件及素材、习题答案和Photoshop等级考试模拟试卷及答案等资源可以到http://www.tupwk.com.cn/downpage网站下载，也可以通过扫描下方的二维码获取，扫描下方的视频二维码可以直接观看教学视频。

电子课件、习题答案、实例
源文件及素材、模拟试卷

多媒体视频教程

作　者
2020年11月

目　录

第1章

平面设计基础

设计是一种工作或职业，是一种具有美感、使用与纪念功能的造型活动。设计是建立在商业和大众基础之上并为其服务，从而产生商业价值和艺术价值，有别于艺术的个人或部分群体性欣赏范围。平面设计是沟通传播、风格化和通过文字及图像解决问题的艺术。本章介绍平面设计的相关知识。

1.1 平面设计的基本概念

　　平面设计泛指具有艺术性和专业性的设计过程，以及最后完成的作品，是以"视觉"作为沟通和表现的方式，结合符号、图片和文字，并通过多种方式来创造和制作出用来传达想法或信息的视觉表现。平面设计人员可以利用字体排印、视觉艺术、版面、计算机软件等方面的专业技巧，来达到完成创作计划的目的。

　　更具体一些，平面设计是指将作者的思想以图片的形式表达出来，可以将不同的基本图形，按照一定的规则在平面上组合成图案，也可以使用手绘方法进行创作。平面设计主要在二维空间以轮廓线划分图与地之间的界限，描绘形象。平面设计中所表现出的立体空间感，并非真实的三维空间，而仅仅是借助图形对人的视觉引导作用而形成的幻觉空间。图1-1和图1-2所示就是通过Photoshop创建的平面设计效果图。

图1-1　平面设计效果一

图1-2　平面设计效果二

1.2 平面设计的基本类型

　　根据商业用途划分，平面设计可以分为平面媒体广告设计、POP广告设计、包装设计、海报设计、DM广告设计、VI设计、书籍装帧设计和网页设计8种基本类型。

1.2.1 平面媒体广告设计

　　报纸、杂志等传统媒体通过单一的视觉和维度传递信息，相对于电视、网络等媒体通过视觉、听觉等多维度地传递信息，称作平面媒体，而电视、网络等称作立体媒体。平面媒体广告设计通常包括报纸、杂志等传统媒体广告的设计。

1.2.2　POP广告设计

POP(Point of Purchase)意为"卖点广告"，又称为"店头陈设"，是一种具有立体空间的、流动的广告设计，以摆设在店头的展示物为主，如吊牌、海报、小贴纸、纸货架、展示架、纸堆头、大招牌、实物模型、旗帜等，都在POP的范围内，其主要商业用途是刺激引导消费和活跃卖场气氛。

常见的POP主要用于短期促销，形式有户外招牌、展板、橱窗海报、店内台牌、价目表、吊旗，甚至是立体卡通模型等。其表现形式夸张幽默，色彩强烈，能有效地吸引顾客的视点，唤起购买欲。POP作为一种低价高效的广告方式已被广泛应用。

1.2.3　包装设计

包装是品牌理念、产品特性、消费心理的综合反映，它可直接影响消费者的购买欲。包装是在产品与消费者之间建立亲和力的有力手段。

包装作为实现商品价值和使用价值的手段，在生产、流通、销售和消费领域中，发挥着极其重要的作用，是企业界、设计者不得不关注的重要课题。包装的功能包括保护商品、传达商品信息、方便使用、方便运输、促进销售和提高产品附加值等。包装作为一门综合性学科，具有商品和艺术相结合的双重性。

1.2.4　海报设计

海报又称招贴，是一种信息传递艺术，也是一种大众化的宣传工具。海报是贴在街头墙上或挂在橱窗里的大幅画作，能够以醒目的画面吸引路人的注意。

海报设计基于计算机平面技术，能够利用图像、文字、色彩、版面、图形等用来表达广告的元素，结合广告媒体的使用特征，借助相关设计软件实现广告的目的和意图。

1.2.5　DM广告设计

DM广告直接将广告信息传递给真正的受众，具有强烈的选择性和针对性，其他媒介只能将广告信息笼统地传递给所有受众，而不管受众是否是广告信息的目标对象。不同于其他传统广告媒体，DM广告可以有针对性地选择目标对象，做到有的放矢、减少浪费。

1.2.6　VI设计

VI(Visual Identity)通常译为视觉识别，是CIS(Corporate Identity System，企业形象识别系统)最具传播力和感染力的部分。VI设计能将CIS的非可视内容转换为静态的视觉识别符号，以无比丰富且多样的应用形式，在最为广泛的层面上进行最直接的传播。

1.2.7 书籍装帧设计

书籍装帧设计是指书籍从文稿到成书出版的整个过程，也是完成书籍从平面化到立体化的过程，既包含艺术思维、构思创意和技术手法的系统设计，也包含书籍的开本、装帧形式、封面、腰封、字体、版面、色彩、插图，以及纸张材料、印刷、装订及工艺等各个环节的艺术设计。在书籍装帧设计中，只有从事整体设计的才能称为装帧设计或整体设计，只完成封面或版式等部分设计的只能称作封面设计或版式设计等。

1.2.8 网页设计

网页设计(Web Design，又称为Web UI Design、WUI Design或WUI)往往首先根据企业希望向浏览者传递的信息(包括产品、服务、理念、文化)进行网站功能策划，然后进行页面的设计美化工作。作为企业对外宣传物料的一种，精美的网页设计对于提升企业的互联网品牌形象至关重要。

网页设计一般分为三大类：功能型网页设计(服务网站用户端)、形象型网页设计(品牌形象站)、信息型网页设计(门户站)。

1.3 平面设计的基本要素

在平面设计过程中，文案、图案和色彩是需要考虑的3个基本要素，由此构成的平面设计作品视觉传达的目的在于形成人们之间的信息交流。

1.3.1 文案要素

文字是平面设计中不可缺少的构成要素，以文字配合图案的形式实现广告主题的创意，具有吸引注意、传播信息、说服对象的作用。文案要素包括标题、正文、广告语、附文4个要素。

1. 标题

标题是用来表达广告主题的文字内容，应具有吸引力，能使读者注目，引导读者阅读广告正文并观看广告插图。标题是画龙点睛之笔，因此，在平面设计中，标题要用较大号字体，要安排在广告中最醒目的位置，应注意配合插图造型的需要。

2. 正文

正文是用来说明设计内容的文本，基本上是标题的拓展。正文能够具体地表述事实，使读者心悦诚服地走向广告宣传的目标。

3. 广告语

广告语是用来配合广告标题、正文，加强商品形象的短语。广告语应顺口易记，还要反复使用，成为"文章标志""言语标志"。广告语必须言简意赅，在设计时可以放置在版面的任意位置。

4. 附文

附文包括广告的公司名称、地点、邮编、电话和传真号码等内容，目的是方便大众与广告主取得联系，以便购买商品。附文也是整个广告不可缺少的部分，通常被安排在整个版面下方较为次要的位置。

1.3.2　图案要素

在平面设计中，图案具有形象化、具体化、直接化的特性，能够形象地表现设计主题和创意，是平面设计主要的构成要素，对设计理念的陈述和表达起着决定性的作用。因此，设计者在决定了设计主题后，就要根据主题来选取和运用合适的图案。

图案可以是黑白画、喷绘插画、手绘插画、摄影作品等，图案的表现形式可以有写实、象征、漫画、卡通、装饰、构成等手法。图案在选取上要考量图案的主题、构图的独特性，只有别具一格、突破常规的图案才能迅速捕获观众的注意力，便于公众认识、理解与记忆设计主题。

在版面视觉化过程中，图案的安排和搭配同样非常重要。在不同的平面设计形式中，整个版面需要多少张图案，图案之间的大小搭配如何处理，这些都是设计人员需要考虑的地方。一般来说，在有多张图的情况下，整个版面必须有一张大图，通常要求这张图占据整个版面的三分之一甚至二分之一，其他图相应调小，以形成众星捧月的态势，凸显主打图案的冲击力和感染力。

1.3.3　色彩要素

色彩在平面设计中具有迅速诉诸感觉的作用，它与公众的生理和心理反应密切相关。公众对平面设计作品的第一印象是通过色彩得到的，色彩的艳丽、典雅、灰暗等感觉影响着公众对设计作品的注意力，比如鲜艳、明快、和谐的色彩组合会对观众产生较强的吸引力，陈旧、破碎的用色会导致公众产生晦暗的印象，不易引起注意。因此，色彩在平面设计作品中有着特殊的诉求力，直接影响着作品情绪的表达。

设计师必须懂得用色彩来和观众沟通。在色彩配置和色彩组调设计中，设计师要把握好色彩的冷暖对比、明暗对比、纯度对比、面积对比、混合调和、面积调和、明度调和、色相调和、倾向调和等，色彩组调要保持画面的均衡、呼应，画面要有明确的主色调。首先，要通过色彩的基本特征表达设计理念，从而赋予作品个性；其次，设计师在运用色彩时，要让色彩突显设计意图。

合理运用色彩的表现力，如同为广告版面穿上漂亮鲜艳的衣服，能增强广告的注目效果。在整体效果上，有时为了塑造更集中、更强烈、更单纯的广告形象，以加深消费者的认识程度，可针对具体情况，对某个或几个对象进行夸张和强调。

1.4 平面设计常用规格

在平面设计中，各类物品通常都有标准的尺寸。本节就主要物品的尺寸和纸张规格进行介绍。

1.4.1 常见广告物品尺寸

在平面设计中，常见广告物品包括名片、三折页广告、普通宣传册、文件封套、招贴画、挂旗、手提袋、信纸/便条、信封、桌旗、竖旗、大企业司旗、胸牌等。

1. 名片

横版：90mm×55mm(方角)；85mm×54mm(圆角)。

竖版：50mm×90mm(方角)；54mm×85mm(圆角)。

方版：90mm×90mm；95mm×95mm。

2. 三折页广告

标准尺寸：(A4标准)210mm×285mm。

3. 普通宣传册

标准尺寸：(A4标准)210mm×285mm。

4. 文件封套

标准尺寸：220mm×305mm。

5. 招贴画

标准尺寸：540mm×380mm。

6. 挂旗

标准尺寸：(8开标准)376mm×265mm。

标准尺寸：(4开标准)540mm×380mm。

7. 手提袋

标准尺寸：400mm×285mm×80mm。

8. 信纸 / 便条

标准尺寸：185mm×260mm；210mm×285mm。

9. 信封

小号：220mm×110mm。

中号：230mm×158mm。

大号：320mm×228mm。

10. 桌旗

210mm×140mm (与桌面成75°夹角)。

11. 竖旗

750mm×1500mm。

12. 大企业司旗

1440mm×960mm(大型)；960mm×640mm(中小型)。

13. 胸牌

大号：110 mm×80mm。

小号：20 mm×20mm(滴塑徽章)。

1.4.2 常用纸张规格

印刷品的种类繁多，各类印刷品的使用要求及印刷方式各有不同，因此必须根据使用需求与印刷工艺的要求及特点去选用相应的纸张。现将一些印刷品常用纸张的用途、品种及规格罗列如下，供设计人员、出版业务人员参照选用。

1. 胶版纸

胶版纸主要供平版(胶印)印刷机或其他印刷机印制较高级彩色印刷品时使用，如彩色画报、画册、宣传画、彩印商标及一些高级书籍封面、插图等。胶版纸按纸浆料的配比分为特号、1号和2号三种，有单面和双面之分，还有超级压光与普通压光两个等级。

胶版纸的伸缩性小，对油墨的吸收性均匀、平滑度好，质地紧密不透明，白度好，抗水性能强。应选用结膜型胶印油墨和质量较好的铅印油墨，油墨的黏度也不宜过高，否则会出现脱粉、拉毛现象。还要防止背面粘脏，一般采用防脏剂、喷粉或夹衬纸。

- 重量：50、60、70、80、90、100、120、150或180g/m²。
- 平板纸规格：787mm×1092mm、850mm×1168mm或880mm×1230mm。
- 卷筒纸规格：宽度为787、1092或850mm。

2. 铜版纸

铜版纸又称涂料纸，这种纸是在原纸上涂布一层白色浆料，经过压光而制成。铜版纸有单面、双面两类。纸张表面光滑，白度较高，纸质纤维分布均匀，厚薄一致，伸缩性小，有较好的弹性和较强的抗水及抗张性能，对油墨的吸收性与接收状态良好。铜版纸主要用于印刷画册、封面、明信片、精美的产品样本以及彩色商标等。

- 重量(单位为g/m²)：70、80、100、105、115、120、128、150、157、180、200、210、240或250。

○ 平板纸规格(单位为mm×mm)：648×953、787×970、787×1092(目前国内尚无卷筒纸)。889×1194为进口铜版纸规格。

3. 画报纸

画报纸质地细白、平滑，用于印刷画报、图册和宣传画等。
○ 重量(单位为g/m²)：65、90或120。
○ 平板纸规格(单位为mm×mm)：787×1092。

4. 压纹纸

压纹纸是专门生产的一种封面装饰用纸。压纹纸的表面有一种不十分明显的花纹。颜色有灰、绿、米黄和粉红等，一般用来印刷单色封面。压纹纸性脆，装订时书脊容易断裂。印刷时纸张弯曲度较大，进纸困难，影响印刷效率。
○ 重量(单位为g/m²)：150～180。
○ 平板纸规格(单位为mm×mm)：787×1092。

5. 白板纸

白板纸的伸缩性小，有韧性，折叠时不易断裂，主要用于印刷包装盒和商品装潢衬纸。在书籍装订中，可作为精装书的里封和径纸(脊条)等装订用料。
白板纸按纸面分类有粉面白版与普通白版两大类，按底层分类有灰底与白底两种。
○ 重量(单位为g/m²)：220、240、250、280、300、350、400。
○ 平板纸规格(单位为mm×mm)：787×787、787×1092、1092×1092。

6. 新闻纸

新闻纸也叫白报纸，是报刊及书籍的主要用纸，适合作为报纸、期刊、课本、连环画等正文用纸。新闻纸的特点：纸质松轻、富有较好的弹性；吸墨性能好，能保证油墨较好地固着在纸面上；纸张经过压光后两面平滑，不起毛，从而使两面印迹比较清晰而饱满；有一定的机械强度；不透明性能好；适合于高速轮转机印刷。
新闻纸是以机械木浆(或其他化学浆)为原料生产的，含有大量的木质素和其他杂质，不宜长期存放。保存时间如果过长，纸张会发黄变脆，抗水性能差，不宜书写等。必须使用印报油墨或书籍油墨，油墨黏度不要过高，平版印刷时必须严格控制版面水分。
○ 重量(单位为g/m²)：(49～52)±2。
○ 平板纸规格(单位为mm×mm)：787×1092、850×1168、880×1230。
○ 卷筒纸规格：宽度为787mm、1092mm、1575mm；长度为6000m～8000m。

7. 打字纸

打字纸是薄页型用纸，纸质薄而富有韧性，打字时要求不穿洞，用硬笔复写时不会被笔尖划破，主要用于印刷单据、表格以及多联复写凭证等，在书籍中则用作隔页用纸和印刷包装用纸。打字纸有白、黄、红、蓝、绿等色。
○ 重量(单位为g/m²)：24～30。

○ 平板纸规格(单位为mm×mm)：787×1092、560×870、686×864、559×864。

8. 拷贝纸

拷贝纸薄而有韧性，适合印刷多联复写本/册，在书籍装帧中用于保护美术作品并起美观作用。

○ 重量(单位为g/m²)：17～20。
○ 平板纸规格(单位为mm×mm)：787×1092。

9. 牛皮纸

牛皮纸具有很高的拉力，有单光、双光、条纹、无纹等，主要用于包装纸、信封、纸袋和印刷机滚筒包衬等。

○ 重量(单位为g/m²)：80～120。

平板纸规格(单位为mm×mm)：787×1092、850×1168、787×1190、857×1120。

10. 书面纸

书面纸也叫书皮纸，是印刷书籍封面用的纸张。书面纸在造纸过程中加了颜料，有灰、蓝、米黄等颜色。

○ 重量(单位为g/m²)：80、100、120。
○ 平板纸规格(单位为mm×mm)：690×960、787×1092。

1.5 图像印前准备

完成平面作品的制作后，应根据作品的最终用途对其进行不同的处理。若需要将图像印刷输出到纸张上，则需要做好图像印前准备。

1.5.1 色彩校准

如果显示器显示的颜色有偏差或者打印机在打印图像时造成的图像颜色有偏差，将导致印刷后的图像色彩与在显示器上看到的颜色不一致。因此，图像的色彩校准是印前准备工作中不可缺少的一步。

色彩校准包括显示器色彩校准、打印机色彩校准和图像色彩校准。

○ 显示器色彩校准：如果同一个图像文件的颜色在不同的显示器上显示效果不一致，或者于不同的时间在相同显示器上的显示效果不一致，就需要对显示器进行色彩校准。有些显示器自带色彩校准软件，如果没有，用户可以手动调节显示器的色彩。
○ 打印机色彩校准：人们在计算机屏幕上看到的颜色和用打印机打印到纸张上的颜色一般不完全匹配，这主要是因为计算机产生颜色的方式和打印机在纸张上产生颜色的方式不同。要让打印机输出的颜色和显示器上显示的颜色接近，设置好打印机的色彩管理参数和调整彩色打印机的偏色规律是一条重要途径。

○ 图像色彩校准：图像色彩校准主要是指图像设计人员在图像制作过程中或制作完成后对图像的颜色进行校准。当用户指定某种颜色后，在进行某些操作后颜色有可能发生变化，这时就需要检查图像的颜色和当时设置的CMYK颜色是否相同。如果不同，可以通过"拾色器"对话框调整图像颜色。

1.5.2 分色与打样

图像在印刷之前，必须进行分色与打样，这也是图像印前准备工作的重要步骤。

○ 分色：在输出中心将原稿上的各种颜色分解为黄、品红、青、黑4种原色，在计算机印刷设计或平面设计软件中，分色就是将扫描图像或其他来源图像的色彩模式转换为CMYK模式。

○ 打样：印刷厂在印刷之前，必须将交付印刷的作品交给出片中心进行出片。输出中心先对CMYK模式的图像进行青、品红、黄和黑4种胶片分色，再进行打样，从而检验制版阶调与色调能否取得良好的再现，并将复制和再现的误差以及应该达到的数据标准提供给制版部门，作为修正或再次制版的依据，打样校正无误后交付印刷中心进行制版、印刷。

1.6 平面设计常用软件

在平面设计中，可以使用的软件有很多，其中常用的平面设计软件包括Photoshop、CorelDRAW和Illustrator。

1.6.1 Photoshop

Photoshop简称PS，是由Adobe公司开发和发行的图像处理软件。Photoshop主要处理以像素构成的数字图像。使用Photoshop众多的编修与绘图工具，可以有效地进行图片编辑工作。Photoshop在平面设计中的应用最为广泛，无论是图书封面还是海报、页面设计，通常都需要使用Photoshop对图像进行处理。

1.6.2 CorelDRAW

CorelDRAW是加拿大Corel公司推出的平面设计软件，也是一款矢量图形制作工具，能为设计师提供矢量动画制作、页面设计、网站制作、位图编辑和网页动画制作等多种功能。

CorelDRAW是屡获殊荣的图形图像编辑软件，它包含两个绘图应用程序：一个用于矢量图及页面设计；另一个用于图像编辑。CorelDRAW提供了强大的交互式工具，使用户能够创作出多种富于动感的特殊效果及点阵图像即时效果。CorelDRAW全方位的设计及网页功能可以融合到用户现有的设计方案中，灵活性十足。

使用CorelDRAW，专业设计师及绘图爱好者可以制作简报、彩页、手册、产品包装、标识、网页等。CorelDRAW提供的智慧型绘图工具以及新的动态向导可以充分降低用户的操控难度，允许用户更加精确地创建物体的尺寸和位置，减少单击步骤，节省设计时间。

1.6.3　Illustrator

Illustrator作为一款非常好用的矢量图形处理工具，已被广泛应用于印刷出版、海报/书籍排版、专业插画、多媒体图像处理和Web页面制作等，它还可以为线稿提供较高的精度和控制，适合设计从小型到大型的任何复杂项目。

Illustrator作为全球最著名的矢量编辑软件，以强大的功能和友好的界面，已经占据全球矢量编辑软件的大部分份额。

利用Adobe公司专有的PostScript技术，Illustrator已经完全占领专业的印刷出版领域。无论是线稿的设计者、专业的插画家、生产多媒体图像的艺术家，还是Web页面或在线内容的制作者，使用过Illustrator后都会发现，其强大的功能和简洁的界面设计风格只有Freehand能与之媲美。

1.7　思考与练习

1. _____意为"卖点广告"，又称为"店头陈设"，是一种具有立体空间的、流动的广告设计，以摆设在店头的展示物为主。

   A. 包装设计　　　　B. POP　　　　　　C. DM　　　　　　D. VI

2. _____广告直接将广告信息传递给真正的受众，具有强烈的选择性和针对性。

   A. 包装设计　　　　B. POP　　　　　　C. DM　　　　　　D. VI

3. 在平面设计过程中，_____是需要考虑的3个基本要素。

   A. 名称、颜色和图案　　　　　　　　B. 广告语、图案和标题

   C. 广告语、图案和颜色　　　　　　　D. 文案、图案和色彩

4. 在平面设计中，文案要素包括_____4个要素。

   A. 文字大小、文字色彩、标题、附文

   B. 文字大小、文字色彩、标题、正文

   C. 标题、正文、文字大小、字体

   D. 标题、正文、广告语、附文

5. 平面设计指什么？

6. 按商业用途划分，平面设计可以分为哪几种基本类型？

第2章

图像处理基本概念

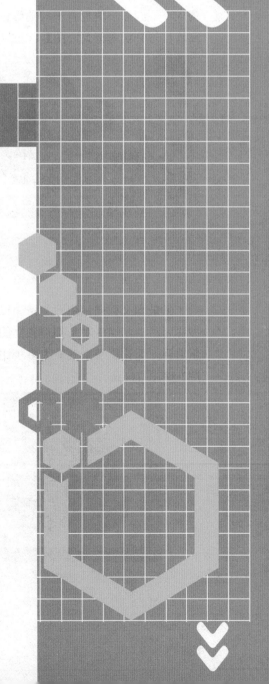

　　图像处理是一种使用计算机对图像进行分析处理，以得到所需结果的技术。在学习运用Photoshop进行图像处理之前，首先要对图像的基本概念和色彩模式等知识有所了解。

2.1 图像的分类

以数字方式记录、处理和保存的图像文件简称数字图像。它是计算机图像的基本类型。数字图像可根据不同的特性分为两大类：位图和矢量图。

2.1.1 位图

位图又称点阵图像。位图是由许多点组成的，其中的每一个点就是一像素，每一像素都有自己的颜色、强度和位置。将位图尽量放大后，可以发现图像由大量的正方形小块构成，不同的小块拥有不同的颜色和亮度。位图文件所占的空间较大，对系统硬件要求较高，且与分辨率有关。图2-1和图2-2所示为位图原图与其放大后的效果对比。

图2-1 原图效果 　　　　　　　　图2-2 图2-1放大到500%后的效果

2.1.2 矢量图

矢量图又称向量图。矢量图以数学的矢量方式记录图像的内容，其中的图形组成元素被称为对象。这些对象都是独立的，具有不同的颜色和形状等属性，可自由、无限制地重新组合。无论将矢量图放大多少比例，图像都具有同样平滑的边缘和清晰的视觉效果，如图2-3和图2-4所示。

图2-3 原图效果 　　　　　　　　图2-4 图2-3放大后依然清晰

矢量图在标志设计、插图设计及工程绘图方面占有很大的优势；缺点是绘制的图像一般色彩简单，不容易绘制出色彩变化丰富的图像，也不便于在各种软件之间进行转换使用。

2.2 图像色彩模式

计算机中存储的图像色彩有许多种模式，不同色彩模式在描述图像时使用的数据位数不同，位数大的色彩模式，占用的存储空间就较大。大部分图像处理软件支持的色彩模式主要包括RGB模式、灰度模式、CMYK模式、位图模式、Lab模式等。

2.2.1 RGB模式

在RGB模式下，可为彩色图像中每一像素的RGB分量指定一个介于 0(黑色)和255(白色)的强度值。当RGB分量的值相等时，显示结果是中性灰色；当RGB分量的值均为255时，显示结果是纯白色；当RGB分量的值均为0时，显示结果是纯黑色。

通过3种颜色或通道，RGB图像可以在屏幕上重新生成多达1670万种颜色。这3种颜色或通道可转换为每像素24(8×3)位的颜色信息(在16位/通道的图像中，这些颜色或通道可转换为每像素48位的颜色信息，具有再现更多颜色的能力)。

2.2.2 灰度模式

灰度模式使用多达 256 级灰度。灰度图像中的每一像素都有一个介于0(黑色)和255(白色)的灰度值。灰度值也可以用黑色油墨覆盖的百分比来度量(0% 等于白色，100% 等于黑色)。使用黑白或灰度扫描仪生成的图像通常以灰度模式显示。

2.2.3 CMYK模式

在CMYK模式下，可为彩色图像中每一像素的每种印刷油墨指定百分比值。为最亮(高光)颜色指定的印刷油墨颜色百分比值较低，而为较暗(暗调)颜色指定的印刷油墨颜色百分比值较高。

当准备使用印刷色打印图像时，应使用CMYK模式。将RGB图像转换为CMYK模式会产生分色。如果由RGB图像开始，那么最好先编辑，到了最后再转换为CMYK模式。

2.2.4 位图模式

位图模式其实就是黑白模式，位图模式下的图像只有黑色和白色像素，通常线条稿采用这种模式。只有双色调模式和灰度模式可以转换为位图模式，如果要将位图转换为其他模式，那么需要先转换为灰度模式才可以。

2.2.5　Lab模式

Lab模式是Photoshop在不同颜色模式之间转换时使用的中间颜色模式。在Lab模式下，亮度分量(L)的取值范围为0～100。在拾色器中，a分量(绿色到红色轴)和b分量(蓝色到黄色轴)的取值范围为-128～+128。在"颜色"调板中，a分量和b分量的取值范围为-120～+120。

2.3　像素与分辨率

在使用Photoshop进行图像处理的过程中，通常会遇到像素和分辨率这两个概念。下面就介绍一下这两个概念。

2.3.1　像素

像素是在Photoshop中编辑图像时使用的基本单位。可以把像素看成极小的方形颜色块，也可称为栅格。

一幅图像通常由许多像素组成，这些像素被排列成行和列，每一像素都是一个小方块。用缩放工具将图像放大到足够大时，就可以看到类似马赛克的效果，每个小方块代表一像素。每一像素都有不同的颜色值。文件包含的像素越多，其所包含的信息也就越多，所以文件越大，图像的品质也越好。

2.3.2　分辨率

图像的分辨率是指单位面积内图像所包含像素的数目，通常用像素/英寸和像素/厘米表示。分辨率的高低直接影响图像的效果，如图2-5和图2-6所示。使用太低的分辨率会导致图像粗糙，在排版打印时图片会变得非常模糊；而使用较高的分辨率则会使文件增大，并降低图像的打印速度。

图 2-5　分辨率为300时的图像效果

图 2-6　分辨率为30时的图像效果

2.4 色彩构成

色彩是平面设计中的重要构成部分。好的平面设计作品离不开合理的色彩搭配。为了进行色彩搭配，需要了解色彩构成的相关知识。

2.4.1 色彩构成的概念

色彩构成是从人对色彩的知觉和心理效果出发，使用科学分析的方法，把复杂的色彩现象还原为基本要素，利用色彩在空间、量与质上的可变幻性，按照一定的规律组合各构成之间的相互关系，创造出新的色彩效果的过程。色彩构成是艺术设计的基础理论之一，它与平面构成及立体构成有着不可分割的关系，色彩不能脱离形体、空间、位置、面积、肌理等而独立存在。

2.4.2 色彩三要素

色彩由色相、饱和度、明度3个要素组成。下面介绍这3个要素的特点。

1. 色相

色相是色彩的一种最基本的视觉属性。这种属性可以使人们将光谱上的不同部分区别开来，按红、橙、黄、绿、青、蓝、紫等色彩感觉(简称色觉)区分色谱段。缺失了这种视觉属性，色彩就像全色盲人的世界那样。根据有无色相属性，可以将外界引起的色觉分成两大体系：有彩色系与非彩色系。

- 有彩色系：具有色相属性的色觉。有彩色系具有色相、饱和度和明度3个量度。
- 非彩色系：不具有色相属性的色觉。非彩色系只有明度一种量度，饱和度等于零。

2. 饱和度

饱和度是那种能使人们对有色相属性的色觉在色彩鲜艳程度上做出评判的视觉属性。有彩色系的色彩，鲜艳程度与饱和度成正比，根据人们使用色素物质的经验，色素浓度越高，颜色越浓艳，饱和度也越高。

3. 明度

明度是那种能使人们区分出明暗层次的视觉属性。这种明暗层次决定了亮度的强弱，也就是光刺激能量水平的高低。根据明度感觉的强弱，从最明亮到最暗可以分成3段水平：白——高明度端的非彩色觉；黑——低明度端的非彩色觉；灰——介于白与黑之间的中间层次明度色觉。

2.4.3 原色、间色和复色

现代光学向人们展示了太阳光是由赤、橙、黄、绿、青、蓝、紫7种颜色的光组成的，可以通过三棱镜或雨后彩虹亲眼观察到这种现象。在阳光的作用下，大自然中的色彩变化是丰富多彩的，人们在丰富的色彩变化中，逐渐认识和了解了颜色之间的相互关系，并根据它们各自的特点和性质总结出色彩的变化规律，并把颜色概括为原色、间色和复色3大类。

- 原色：也叫"三原色"，包含红、黄、蓝3种基本颜色。自然界中的色彩种类繁多，变化丰富，但这3种颜色却是最基本的，原色是其他颜色调配不出来的。把原色相互混合，可以调和出其他颜色。
- 间色：又叫"二次色"。间色是由三原色调配出来的颜色。红与黄调配出橙色；黄与蓝调配出绿色；红与蓝调配出紫色。橙、绿、紫三种颜色又叫"三间色"。在调配时，根据原色在分量上多少的不同，可产生丰富的间色变化。
- 复色：也叫"复合色"。复色是用原色与间色相调或用间色与间色相调而成的"三次色"。复色是最丰富的色彩家族，千变万化，丰富异常，复色包括除原色和间色外的所有颜色。

2.4.4 色彩搭配方法

颜色绝不会单独存在，一种颜色的效果是由多种因素决定的，包括物体的反射光、周边搭配的色彩、观看者的欣赏角度等。下面介绍6种常用的色彩搭配方法，掌握好这几种方法，能够让画面中的色彩搭配更具有美感。

- 互补设计：使用色相环上全然相反的颜色，得到强烈的视觉冲击力。
- 单色设计：使用同一种颜色，通过加深或减淡这种颜色，使画面具有统一性。
- 中性设计：加入一种颜色的补色或黑色，使其他色彩消失或中性化。使用这种颜色设计出来的画面显得更加沉稳、大气。
- 无色设计：不用彩色，只用黑、白、灰3种颜色。
- 类比设计：在色相环上任选3种连续的色彩，或选择任意一种明色或暗色。
- 冲突设计：在色相环上将一种颜色及其左右两边的色彩搭配起来，形成冲突感。

2.5 常用的图像格式

Photoshop共支持20多种格式的图像，使用不同的文件格式保存图像，对图像将来的应用起着非常重要的作用。用户可以根据工作环境的不同选用相应的图像文件格式，以便获得最理想的效果。

下面介绍一些常见图像文件格式的特点及用途。

2.5.1 PSD格式

PSD格式是Photoshop软件生成的格式，是唯一能支持全部图像色彩模式的格式。PSD格式可以保存图像的图层、通道等许多信息，是一种在未完成图像处理任务前常用且可以较好地保存图像信息的格式。

2.5.2 TIFF格式

TIFF格式是一种无损压缩格式，是为色彩通道图像创建的最有用格式。因此，TIFF格式是应用非常广泛的一种图像格式，可以在许多图像软件之间转换。TIFF格式支持带Alpha通道的CMYK、RGB和灰度文件，还支持不带Alpha通道的Lab、索引颜色和位图文件。另外，TIFF格式支持LZW压缩。

2.5.3 BMP格式

BMP格式是微软软件的专用格式，也就是常见的位图格式。BMP格式支持RGB、索引颜色、灰度和位图模式，但不支持Alpha通道。BMP格式产生的文件较大，是最通用的图像文件格式之一。

2.5.4 JPEG格式

JPEG是一种有损压缩格式，主要用于图像预览及超文本文档，如HTML文档等。JPEG格式支持CMYK、RGB和灰度模式，但不支持Alpha通道。在生成JPEG格式的文件时，可以通过设置压缩的类型产生不同大小和质量的文件。压缩比例越大，图像文件越小，相应的图像质量越差。

2.5.5 GIF格式

GIF格式的文件是8位图像文件，最多为256色，不支持Alpha通道。GIF格式产生的文件较小，常用于网络传输，我们在网页上见到的图片大多是GIF和JPEG格式的。GIF格式与JPEG格式相比，优势在于GIF格式的文件可以保存动画效果。

2.5.6 PNG格式

PNG格式可以使用无损压缩方式压缩文件，支持24位图像，产生的透明背景没有锯齿边缘，所以可以产生质量较好的图像效果。

2.5.7 PDF格式

PDF格式是Adobe公司开发的用于Windows、macOS、UNIX和DOS系统的一种电子出版软件的文档格式，适用于不同平台。PDF格式的文件可以包含矢量图和位图，还可以包含导航和电子文档查找功能。在Photoshop中将图像文件保存为PDF格式时，系统将弹出

"PDF 选项"对话框，在其中用户可选择压缩格式。

2.5.8　EPS格式

EPS格式的文件可以包含矢量图和位图，已得到几乎所有的图像、示意图和页面排版程序的支持，是用于图形交换的最常用格式。EPS格式的最大优点在于能够在排版软件中以低分辨率预览，而在打印时以高分辨率输出。EPS格式不支持Alpha通道，但支持裁切路径。

EPS格式支持Photoshop所有的颜色模式，可以用来存储矢量图和位图。在存储位图时，还可以将图像的白色像素设置为透明效果，并且在位图模式下也支持透明效果。

2.6　思考与练习

1. 数字图像可根据不同特性分为_____两大类。
    A. 彩色图和黑白图　　　　　　　　B. 原图和编辑图
    C. 单色图和多色图　　　　　　　　D. 位图和矢量图

2. 位图又称点阵图像，是由许多_____组成的。
    A. 面　　　　　　B. 线　　　　　　C. 点　　　　　　D. 色彩

3. RGB图像通过3种_____，可以在屏幕上重新生成多达1670万种颜色。
    A. 点　　　　　　B. 通道　　　　　　C. 颜色　　　　　　D. 颜色或通道

4. 灰度模式使用多达_____级灰度。灰度图像中的每一像素都有一个介于_____的灰度值。
    A. 256、0(黑色)和255(白色)　　　B. 256、0(白色)和255(黑色)
    C. 300、0(黑色)和299(白色)　　　D. 300、0(白色)和299(黑色)

5. 只有_____模式可以转换为位图模式。如果要将位图转换为其他模式，需要先转换为_____模式才可以。
    A. 双色调模式和灰度、灰度　　　　B. RGB和双色调、RGB
    C. RGB和灰度、RGB　　　　　　　D. CMYK和灰度、灰度

6. 色彩的三要素包括_____。
    A. 色相、明度、纯度　　　　　　　B. 颜色、明度、纯度
    C. 色相、明度、饱和度　　　　　　D. 颜色、饱和度、纯度

7. _____格式是Photoshop软件生成的格式，是唯一能支持全部图像色彩模式的格式。
    A. BMP　　　　　B. TIFF　　　　　C. PDF　　　　　D. PSD

8. 常用的色彩搭配有哪几种？

第3章

初识 Photoshop

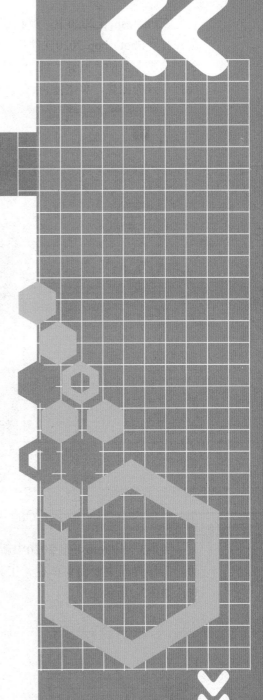

本章讲解Photoshop的基础知识和图像文件的基本操作，其中包括认识Photoshop操作界面、调整图像和画布的大小、控制图像的显示等；并介绍图像处理中的一些辅助设置，这些辅助设置能够帮助用户更好地运用Photoshop软件。

3.1 认识Photoshop操作界面

在学习使用Photoshop进行图像处理之前，首先要认识Photoshop的启动界面和工作界面，以便后面能够顺利地开展学习。

3.1.1 Photoshop 2020的启动界面

在Photoshop 2020中，默认状态下启动后的工作界面与之前的版本相比略有不同。当用户打开Photoshop 2020软件后，进入的操作界面只有菜单栏和图像打开记录，如图3-1所示。单击左侧的"新建"或"打开"按钮可以新建或打开图像文件，界面中间显示的是之前打开过的图像，单击便可直接打开。

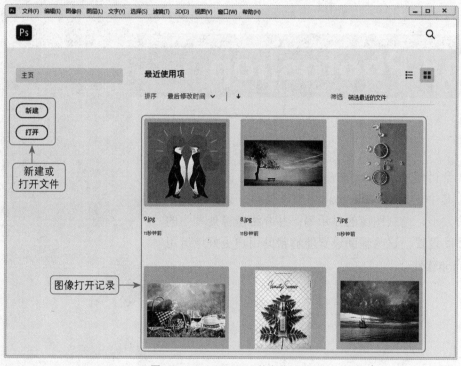

图 3-1　Photoshop 2020 的启动界面

3.1.2 Photoshop 2020的工作界面

当用户在Photoshop 2020中新建或打开图像文件后，将进入Photoshop 2020的工作界面，工作界面主要由菜单栏、工具箱、属性栏、控制面板、图像窗口和状态栏等部分组成，如图3-2所示。

图 3-2　Photoshop 2020 的工作界面

1. 菜单栏

Photoshop 2020的菜单栏包括用于进行图像处理的各种命令，共有11个菜单，各个菜单的作用如下。

- 文件：在其中可进行文件操作，如文件的打开、保存等。
- 编辑：其中包含一些编辑命令，如剪切、复制、粘贴、撤销操作等。
- 图像：主要用于对图像进行操作，如处理文件和画布的尺寸、分析和修正图像的色彩、图像模式的转换等。
- 图层：在其中可执行图层的创建、删除等操作。
- 文字：用于打开字符和段落面板，还可用于进行文字的相关设置。
- 选择：主要用于选取图像区域，以便进行编辑。
- 滤镜：包含众多的滤镜命令，可对图像或图像的某个部分进行模糊、渲染、扭曲等，从而实现一些特殊效果。
- 3D：创建3D图层，以及对图像进行3D处理等操作。
- 视图：主要用于对Photoshop 2020的编辑屏幕进行设置，如改变文档视图的大小、缩小或放大图像的显示比例、显示或隐藏标尺和网格等。
- 窗口：用于对Photoshop 2020工作界面中的各个面板进行显示和隐藏。
- 帮助：用于快速访问Photoshop 2020帮助手册，其中包括Photoshop 2020的几乎所有功能、工具及命令等信息，还可以访问Adobe公司的站点、注册软件、查看插件信息等。

在菜单栏中选择一个菜单，将会展开对应的子菜单及菜单命令。图3-3展示了"图像"菜单中包含的命令。其中灰色的菜单命令表示未激活，当前不能使用；菜单命令后面的按键组合表示对应的快捷键。

2. 工具箱

默认状态下，Photoshop 2020的工具箱位于工作界面的左侧。在工具箱中，部分工具在右下角带有黑色的小三角标记■，表示这是一个工具组，其中隐藏了多个子工具。单击并按住黑色的小三角标记，可以展开工具组中的子工具，比如选择"裁切工具"，该工具组中的所有子工具如图3-4所示。

在使用工具的过程中，用户可以通过单击工具箱上方的双三角形按钮▶▶将工具箱变为双列形式，如图3-5所示。

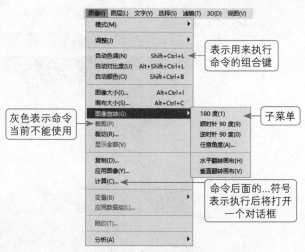

图 3-3 "图像"菜单

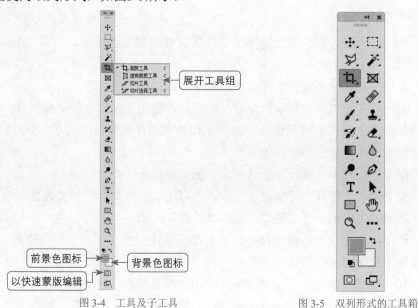

图 3-4 工具及子工具　　　　　图 3-5 双列形式的工具箱

3. 属性栏

属性栏位于菜单栏的下方，当用户选中工具箱中的某个工具时，属性栏就会显示相应工具的属性设置。在属性栏中，用户可以方便地设置对应工具的各种属性。图3-6展示了渐变工具的属性栏。

图 3-6 渐变工具的属性栏

4. 控制面板

Photoshop 2020提供了20多个控制面板，通常面板都浮动在图像的上方，而不会被图像覆盖。默认情况下，面板都依附在工作界面的右侧，用户也可以将它们拖动到工作界面的任何位置，通过它们可以进行选择颜色、编辑图层、新建通道、编辑路径和撤销编辑等操作。

在"窗口"菜单中，可以选择需要打开或隐藏的面板。选择"窗口"|"工作区"|"基本功能(默认)"命令，将得到如图3-7所示的面板组。

单击面板右上方的双三角形按钮 ，可以将面板缩小为图标，如图3-8所示。当想要使用缩小为图标的面板时，可以单击面板的名称按钮，即可弹出对应的面板，如图3-9所示。

图 3-7　基本功能面板组　　　图 3-8　面板缩略图　　　　　图 3-9　显示面板

5. 图像窗口

图像窗口是图像的显示区域，也是图像的编辑或处理区域，如图3-10所示。图像的标题栏中显示了图像的名称、格式、显示比例、色彩模式、所属通道和图层状态。如果图像尚未存储过，标题栏将以"未标题"并加上连续的数字作为图像文件的名称。

图 3-10　图像窗口

6. 状态栏

状态栏位于图像窗口的底部，用于显示图像相关信息。最左端的百分数指示当前图像窗口的显示比例，在其中输入数值后，按Enter键可以改变图像的显示比例；中间的信息显示了当前图像文件的大小。图3-11所示为状态栏。

| 40% | 38.1厘米 x 25.4厘米 (96 ppi) | ⟩ |

图 3-11　状态栏

3.2　Photoshop文件的基本操作

在使用Photoshop进行图像处理前，需要掌握Photoshop文件的基本操作，主要包括打开、新建、保存、导入、导出、关闭图像文件等。

3.2.1　新建图像文件

在制作新的图像文件之前，首先需要建立一个空白图像文件。Photoshop 2020的"新建文档"对话框与之前的版本相比略有不同。

【练习3-1】新建一个空白图像文件

01 打开Photoshop 2020，选择"文件"|"新建"命令或按Ctrl+N组合键，打开"新建文档"对话框，如图3-12所示。

02 在"新建文档"对话框的右侧，在"预设详细信息"选项区域输入文件的名称，然后设置文件的宽度、高度、分辨率等信息，如图3-13所示。设置好信息后，单击"创建"按钮，即可得到自定义的图像文件。

图 3-12　"新建文档"对话框

图 3-13　设置文件信息

"新建文档"对话框中各选项或按钮的作用分别如下。

- ⬆：在这个按钮的左侧单击，可输入文字，对新建的图像文件进行命名，默认为"未标题-X"。单击该按钮，可以保存尺寸、分辨率等参数的预设信息。
- "宽度"和"高度"：用于设置图像的宽度和高度，用户可以输入1和300 000之间的任意数值。
- "分辨率"：用于设置图像的分辨率，单位为像素/英寸或像素/厘米。
- "颜色模式"：用于设置图像的颜色模式，共有"位图""灰度""RGB颜色""CMYK颜色""Lab颜色"5种模式可供选择。

○ "背景内容"：用于设置图像的背景颜色，系统默认为白色，也可设置为背景色和透明色。

○ "高级选项"：在"高级选项"区域，用户可以对"颜色配置文件"和"像素长宽比"两个选项进行更专业的设置。

03 "新建文档"对话框的上方有一排灰色的预设选项，它们分别代表Photoshop自带的几种图像规格，如选择"照片"选项，即可在下方显示几种不同的照片文件规格，如图3-14所示。

04 选择一种文件规格，单击对话框右下方的"创建"按钮，即可新建一个图像文件。

图3-14 "照片"预设选项

3.2.2 打开图像文件

Photoshop允许用户同时打开多个图像文件进行编辑，选择"文件"|"打开"命令或按Ctrl+O组合键可以打开图像文件。

【练习3-2】打开图像文件

01 选择"文件"|"打开"命令或按Ctrl+O组合键，打开"打开"对话框。

02 在"查找范围"下拉列表中找到要打开的文件所在的位置，然后选择要打开的图像文件，如图3-15所示。

03 单击"打开"按钮即可打开选择的图像文件，如图3-16所示。

图3-15 "打开"对话框

图3-16 打开的图像文件

❖ **注意：**

选择"文件"|"打开为"命令，可以在指定所选取文件的图像格式后将文件打开；选择"文件"|"最近打开文件"命令，可以打开最近编辑过的图像文件。

3.2.3　保存图像文件

在对图像文件进行编辑的过程中，当完成关键的步骤后，应该及时对图像文件进行保存，以免因为误操作或者意外停电带来损失。

【练习3-3】保存图像文件

|01| 新建一个图像文件，然后对其中的图像进行编辑。

|02| 选择"文件"|"存储"命令，打开"另存为"对话框，设置图像文件的保存路径和名称，如图3-17所示。

|03| 单击"保存类型"选项右侧的三角形下拉按钮，在弹出的下拉列表中选择图像文件的保存类型，如图3-18所示。

|04| 单击"保存"按钮，即可完成图像文件的保存操作，以后按照图像文件的保存路径就可以找到并打开图像文件。

图3-17　"另存为"对话框

图3-18　设置"保存类型"

❖ **注意：**

如果要对已存在或已保存的图像文件进行再次存储，只需要按Ctrl+S组合键或选择"文件"|"存储"命令，即可按照原来的路径和名称保存图像文件。如果要更改图像文件的路径和名称，那么需要选择"文件"|"存储为"命令，打开"另存为"对话框，对保存路径和名称重新进行设置。

3.2.4　导入图像文件

在Photoshop中，用户可以通过选择"文件"|"导入"命令，在弹出的子菜单中选择

相应的命令来导入图像，如图3-19所示。
可以使用数码相机和扫描仪，借助WIA支
持来导入图像文件。如果使用WIA支持，
Photoshop将与Windows系统和数码相机或
扫描仪配合工作，从而将图像文件直接导入
Photoshop。

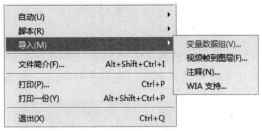

图 3-19 "导入"命令的子菜单

3.2.5 导出图像文件

使用"导出"命令可以将在
Photoshop中绘制的图像或路径导出
到相应的软件中。选择"文件"|"导
出"命令，在弹出的子菜单中可以选
择相应的命令，如图3-20所示。用户可
以将Photoshop文件导出为其他文件格
式，如Illustrator格式等，除此之外，还
可以将视频导出到相应的软件中进行
编辑。

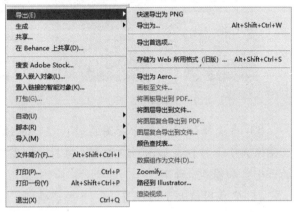

图 3-20 "导出"命令的子菜单

3.2.6 关闭图像文件

用户在编辑或绘制好一幅图像并保存后，可以将已经保存的图像文件关闭，这样可以
不占用软件内存，使运行速度更快。可以使用如下几种方法关闭当前的图像文件。

○ 单击图像窗口中标题栏最右端的"关闭"按钮 ✖ 。
○ 选择"文件"|"关闭"命令。
○ 按Ctrl+W组合键。
○ 按Ctrl +F4组合键。

3.3 设置图像和画布的大小

为了更好地使用Photoshop绘制和处理图像，用户还应该掌握图像的一些常用调整方
法，包括图像和画布大小的调整，以及图像方向的调整等。

3.3.1 设置图像大小

在对图像文件进行编辑的过程中，当图像大小不合适时，可以通过改变图像的像素、
高度、宽度和分辨率来调整图像的大小。

【练习3-4】调整图像大小

01 选择"文件"|"打开"命令，打开一个图像文件，将光标移到当前图像窗口底

部的状态栏上，单击右侧的 〉按钮，从弹出的菜单中可以选择要在状态栏上显示的图像信息，如图3-21所示。

[02] 默认情况下选中的是"文档尺寸"，在状态栏上按住鼠标左键不放，可以显示当前图像的宽度、高度、分辨率等信息，如图3-22所示。

图3-21　设置显示哪些图像信息　　　　图3-22　显示图像的宽度、高度、分辨率等信息

[03] 当选择的图层为背景图层时，在"属性"面板中展开"快速操作"区域，单击"图像大小"按钮，如图3-23所示，将打开"图像大小"对话框，在此可以重新设置图像的大小，如图3-24所示。

[04] 完成图像大小的设置后，单击"确定"按钮，即可调整图像的大小，在状态栏上可以查看调整后的图像信息，如图3-25所示。

图3-23　"属性"面板　　　　图3-24　"图像大小"对话框　　　　图3-25　调整大小后的图像

"图像大小"对话框中各个选项或按钮的含义分别如下。

○　"图像大小"：显示当前图像的大小。

○　"尺寸"：显示当前图像的长、宽值，单击右侧的下拉按钮 ⊡，可以设置图像的长宽单位。

○　"调整为"：可以在右侧的下拉列表中直接选择图像的大小。

○　"宽度/高度"：可以设置图像的宽度和高度。

○　"分辨率"：可以设置图像的分辨率大小。

○　"限制宽高比" ⛓：默认情况下，图像将按比例进行缩放。单击这个按钮后，可取消限制宽高比，图像将不再按比例进行缩放，可以分别修改图像的宽度和高度。

3.3.2 设置画布大小

画布大小是指当前图像周围的工作空间大小。使用"画布大小"命令可以精确地设置画布的尺寸。

【练习3-5】改变画布大小

01 打开一个图像文件，如图3-26所示。

02 当选择的图层为背景图层时，在"属性"面板中展开"画布"区域，在其中可以直接改变图像的画布大小和模式等，如图3-27所示。

图 3-26 打开素材图像

图 3-27 设置画布大小

❖ **注意：**

在当前的"属性"面板中，当 🔒 按钮为按下状态时，可以等比例调整图像的宽度和高度；单击 🔒 按钮可以将画布改为纵向；单击 🔳 按钮可以将画布改为横向。

03 选择"图像"|"画布大小"命令，或右击图像窗口顶部的标题栏，在弹出的快捷菜单中选择"画布大小"命令，如图3-28所示。

04 在打开的"画布大小"对话框中可以查看和设置当前画布的大小。在"定位"区域单击箭头指示按钮，以确定画布的扩展方向，然后在"新建大小"选项区域输入新的宽度和高度，如图3-29所示。

图 3-28 选择"画布大小"命令

图 3-29 定位和设置画布大小

05 在"画布扩展颜色"下拉列表中可以选择画布的扩展颜色，或者单击右侧的颜色按钮，打开"拾色器(画布扩展颜色)"对话框，在其中可以设置画布的扩展颜色，如图3-30所示。

06 单击"确定"按钮，即可得到修改后的画布大小，效果如图3-31所示。

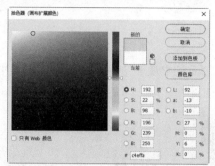

图3-30　设置画布扩展颜色

图3-31　修改后的画布大小

3.4　控制图像的显示

在编辑图像的过程中，通过对图像进行放大或缩小显示，将能够更好地对图像应用各种操作。下面介绍如何控制图像的显示。

3.4.1　以100%比例显示图像

当新建或打开一幅图像时，图像一般以适应于界面的大小显示。在图像窗口的底部，状态栏的左侧数值框中会显示当前图像的显示百分比，如图3-32所示。

要将图像显示为100%比例，有以下几种常用操作方法：

○ 在图像窗口的底部，在状态栏的左侧数值框中输入100%，即可以100%比例显示图像。

○ 双击工具箱中的缩放工具即可以100%比例显示图像。

○ 选择缩放工具，在图像中右击，从弹出的快捷菜单中选择100%命令，如图3-33所示。

图3-32　状态栏上的图像显示比例

图3-33　选择100%命令

3.4.2 放大与缩小显示图像

对图像进行缩放是为了便于用户查看和修改图像。使用工具箱中的缩放工具 🔍 缩放图像是用户最常采用的方式。

【练习3-6】调整图像大小

`01` 打开一幅素材图像，选择工具箱中的缩放工具 🔍，将光标移到图像窗口中，此时光标呈放大镜显示，并且内部还显示有"十"字形，如图3-34所示。

`02` 单击后，图像会根据当前图像的显示大小进行放大，如图3-35所示。如果当前显示比例为100%，则每单击一次放大一倍，单击的地方会显示在图像窗口的中心。

图 3-34 光标样式一

图 3-35 放大显示图像

`03` 在图像窗口中按住鼠标左键拖动，绘制出一块矩形区域，如图3-36所示。释放鼠标后，可将这块矩形区域内的图像放大显示，如图3-37所示。

图 3-36 框选要局部放大显示的图像

图 3-37 局部放大显示后的图像

`04` 按住Alt键或单击属性栏左侧的 🔍 按钮，此时光标呈放大镜显示，并且内部会出现"一"字形，如图3-38所示。单击后，图像将缩小显示，效果如图3-39所示。

图 3-38 光标样式二

图 3-39 缩小显示图像

3.4.3 全屏显示图像

除局部缩放显示图像外，还可以对图像进行全屏显示。打开一个图像文件，直接单击两次工具箱底部的"更改屏幕模式"按钮 ▣ 。第一次单击该按钮后，可以得到带有菜单栏的全屏显示模式，如图3-40所示；第二次单击该按钮后，将隐藏所有面板、菜单、状态栏等，如图3-41所示。

图3-40 带有菜单栏的全屏显示模式

图3-41 仅显示图像的全屏显示模式

❖ **注意：**

在仅显示图像的全屏显示模式下，按Tab键可以显示隐藏的面板，按Esc键可以退出全屏显示模式。

3.4.4 排列图像窗口

当同时打开多幅图像时，图像窗口会以层叠的方式显示，但这样不利于图像的显示及查看，这时可通过排列操作来规范图像的摆放方式，以美化工作界面。

【练习3-7】设置图像窗口的显示方式

01 选择"图像"|"打开"命令，打开"打开"对话框，按住Ctrl键并选择需要打开的图像文件，如图3-42所示。

02 单击"打开"按钮，打开的图像在工作界面中将以合并到选项卡中的方式排列，如图3-43所示。

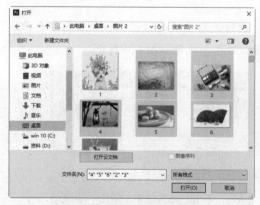

图3-42 选择图像文件

图3-43 合并排列图像

03 选择"窗口"|"排列"命令，弹出的子菜单中包含多种图像排列方式，如图3-44所示。

04 用户可以根据需要选择所需的排列方式，比如选择"全部垂直拼贴"，排列效果如图3-45所示。

图3-44 "排列"命令的子菜单

图3-45 以全部垂直拼贴方式显示图像

3.5 Photoshop图像处理辅助设置

在图像处理过程中，使用Photoshop中的辅助设置可以使图像的处理更加精确，辅助设置主要包括界面设置、工作区设置、工具设置、历史记录设置、暂存盘设置、透明度与色域设置、单位与标尺设置，以及参考线、网格和切片设置等。

3.5.1 界面设置

选择"编辑"|"首选项"|"界面"命令，进入"界面"选项板，如图3-46所示。在其中可以设置屏幕的颜色和边界颜色，还可以设置各种面板和菜单的颜色等属性。

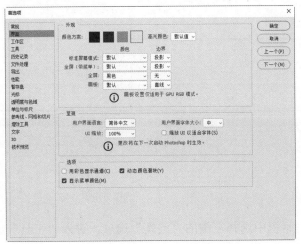

图3-46 "界面"选项板

在"外观"和"选项"选项区域,可以对Photoshop的界面和面板等外观显示进行设置。

◯ "颜色方案":其中包含4种界面颜色,用户可以根据需要选择所需的界面颜色。

◯ "标准屏幕模式"/"全屏(带菜单)"/"全屏"/"画板":可以在这4种屏幕模式下设置屏幕的颜色和边界效果。

◯ "用彩色显示通道":默认情况下,各种图像模式下的通道都以灰度显示,如图3-47所示,选中这个复选框后就可以用相应的颜色显示通道,如图3-48所示。

◯ "显示菜单颜色":选中这个复选框后,就可以让菜单中的某些命令显示为彩色。

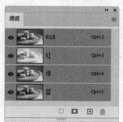

图 3-47   以灰度显示通道

图 3-48   以彩色显示通道

3.5.2   工作区设置

选择"编辑"|"首选项"|"工作区"命令,进入"工作区"选项板,如图3-49所示。在其中可以设置面板的折叠方式、文档的打开方式以及文档窗口的停放方式等。

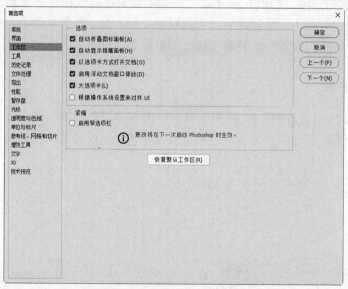

图 3-49   "工作区"选项板

3.5.3   工具设置

在"首选项"对话框中选择左侧的"工具"选项,进入"工具"选项板,如图3-50所示。通过选中各个复选框,可以设置使用工具时的各种效果。

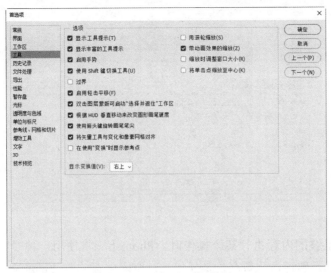

图 3-50　"工具"选项板

3.5.4　历史记录设置

在"首选项"对话框中选择"性能"选项，进入"性能"选项板，如图3-51所示。在"历史记录与高速缓存"选项区域的"历史记录状态"数值框中，可以记录保留的历史记录最大数量；在"高速缓存级别"数值框中，可以设置图像数据的高速缓存级别，高速缓存可以提高屏幕的重绘速度和直方图的显示速度。

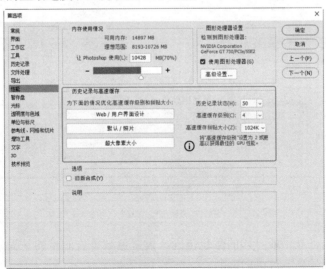

图 3-51　设置历史记录

3.5.5　暂存盘设置

在"首选项"对话框中选择"暂存盘"选项，进入"暂存盘"选项板，从中可以看到系统中分区的磁盘，Photoshop中默认选择的是C:\盘，如图3-52所示。

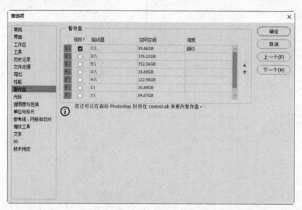

图 3-52　"暂存盘"选项板

当系统没有足够的内存执行某个操作时，Photoshop将使用一种专有的虚拟内存技术来扩大内存，也就是暂存盘。暂存盘是任何具有空闲内存的驱动器或驱动器分区，默认情况下，Photoshop将安装了操作系统的硬盘驱动器用作主暂存盘。在"暂存盘"选项板中可以将暂存盘修改到其他驱动器上，另外，包含暂存盘的驱动器应定期进行碎片整理。

3.5.6　透明度与色域设置

在"首选项"对话框中选择"透明度与色域"选项，进入"透明度与色域"选项板，如图3-53所示。在"透明区域设置"选项区域，可进行透明背景的设置，在"色域警告"选项区域，可设定色阶的警告颜色。

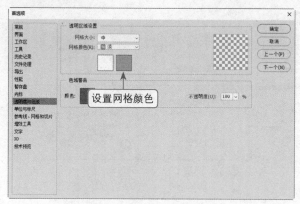

图 3-53　"透明度与色域"选项板

色阶是指某个可显示或打印的颜色范围，设置色域警告的目的是提示哪些颜色是可以印刷的，而哪些颜色是不可以印刷的。

3.5.7　单位与标尺设置

为了改变标尺的度量单位并指定列宽和间隙，可以在"首选项"对话框中选择"单位与标尺"选项，进入"单位与标尺"选项板，如图3-54所示。

标尺的度量单位有如下7种：像素、英寸、厘米、毫米、点、派卡、百分比。按Ctrl

+R组合键可控制标尺的显示和隐藏。在"列尺寸"选项区域可调整标尺的列尺寸。"点/派卡大小"选项区域有两个单选按钮，通常选中的是"PostScript(72点/英寸)"单选按钮。为了切换方便，可直接在"信息"面板中单击左侧的+符号，在弹出的菜单中切换标尺单位，如图3-55所示。

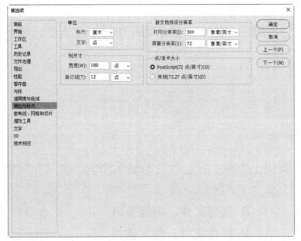

图3-54 "单位与标尺"选项板

图3-55 切换标尺单位

3.5.8 参考线、网格和切片设置

选择"编辑"|"首选项"|"参考线、网格和切片"命令，进入"参考线、网格和切片"选项板，如图3-56所示。选项板右侧的色块显示了参考线、智能参考线和网格的颜色，单击色块，可以修改它们的颜色。

"参考线"选项区域用于设置通过标尺拖出的辅助线，在此可设定辅助线的颜色和样式。

在"网格"选项区域，可将栅格设置成各种颜色，并使之成为直线、虚线或网点线。通过设置"网格线间隔"和"子网格"两个选项，可改变栅格中网格线的密度。

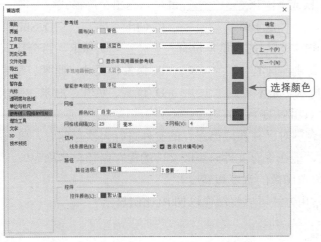

图3-56 "参考线、网格和切片"选项板

图3-56所示选项板中各个选项或选项区域的作用分别如下。

- ○ "参考线"：用于设置参考线的颜色和样式，包括直线和虚线两种样式。
- ○ "智能参考线"：用于设置智能参考线的颜色。
- ○ "网格"：用于设置网格的颜色和样式。通过设置"网格线间隔"和"子网格"两个选项，可改变栅格中网格线的密度。
- ○ "切片"：用于设置切片的边框颜色。选中"显示切片编号"复选框，可以显示切片的编号。

3.6　思考与练习

1. 在状态栏上，最左端的百分数指明了当前_____的显示比例，中间的信息显示了当前_____的大小。

    A. 图像窗口、图像文件　　　　　B. 图像文件、图像窗口

    C. 程序软件、图像窗口　　　　　D. 图像文件、程序软件

2. "新建文档"对话框中的_____选项用于设置文档的大小。

    A. "背景内容"　　　　　　　　　B. "颜色模式"

    C. "宽度"和"高度"　　　　　　D. "高级"

3. Photoshop允许用户同时打开_____个图像文件进行编辑。

    A. 1　　　　　　B. 2　　　　　　C. 4　　　　　　D. 若干

4. 按_____组合键，可以对图像文件进行保存。

    A. Ctrl+A　　　B. Ctrl+B　　　C. Ctrl+Y　　　D. Ctrl+S

5. 按_____组合键，可以关闭当前保存后的图像文件。

    A. Ctrl+W或Ctrl+S　　　　　　B. Ctrl+B或Ctrl+F4

    C. Ctrl+W或Ctrl+F4　　　　　　D. Ctrl+S或Ctrl+B

6. 在全屏显示模式下，按_____键可以退出全屏模式。

    A. Tab　　　　　B. Esc　　　　　C. Ctrl　　　　　D. Shift

7. 在Photoshop中，标尺的度量单位有_____、派卡、百分比。

    A. 像素、英寸、厘米　　　　　　B. 像素、英寸、厘米、毫米

    C. 像素、厘米、毫米、点　　　　D. 像素、英寸、厘米、毫米、点

8. 如何选择工具组中的子工具？

9. 按Ctrl+S组合键对已存在或已保存的文件进行再次存储时，将直接按照原路径和名称进行保存。如何才能在保存文件时更改文件的保存路径和名称呢？

10. 如何分别修改图像的宽度和高度？

11. 有哪几种常用方法可以将图像以100%比例显示？

第4章

编辑图像

本章主要介绍图像的编辑，其中包括移动图像、复制与裁剪图像、对图像应用各种变换等。通过图像擦除工具，我们可以对图像做不同程度的擦除，并制作出不同的图像效果。在编辑图像的过程中，我们还可以对图像进行还原与重做。

4.1 移动和复制图像

在Photoshop中进行图像处理时，经常需要对其中的图像进行移动和复制，移动和复制图像是最基本的图像编辑操作。

4.1.1 移动图像

图像的移动分为整体移动和局部移动，整体移动就是将当前工作图层上的图像从一个地方移到另一个地方，而局部移动就是对图像的局部进行移动。在工具箱中选择移动工具 ⊕，然后对图像进行拖动，即可移动图像。

【练习4-1】整体移动图像或局部移动图像

01 打开一幅素材图像，如图4-1所示，确定所选图层未被锁定。

02 选择工具箱中的移动工具 ⊕，在图像上按住鼠标左键，将图像拖动到需要的位置即可，如图4-2所示。

图4-1 打开素材图像

图4-2 整体移动图像

03 选择"背景"图层，使用套索工具 ⊘，在属性栏中设置"羽化"值为10像素。在画面的左上方，在花朵图像的周围绘制羽化选区，框选起来，选择移动工具 ⊕，将鼠标放到羽化选区内，按住鼠标左键进行拖动，即可移动选定的图像部分，如图4-3所示。

❖ 注意：

在按住Alt键的同时，使用选择工具拖动选区内的图像，可以复制移动图像，如图4-4所示。

图4-3 局部移动图像

图4-4 复制移动图像

4.1.2 复制图像

在图像中创建选区后，可以对图像进行复制和粘贴。选择"编辑"|"拷贝"命令或按Ctrl+C组合键，可以将选区中的图像复制到剪贴板中。然后选择"编辑"|"粘贴"命令或按Ctrl+V组合键，即可对复制的图像进行粘贴，并自动生成新的图层。

【练习4-2】复制与合并复制图像

`01` 打开"素材\第4章\圣诞快乐.jpg"素材图像，选择魔棒工具，在属性栏中设置"容差"值为10，单击白色背景获取选区，再按Shift+Ctrl+I组合键反选选区，如图4-5所示。

`02` 选择"编辑"|"拷贝"命令，复制选区中的图像。打开"素材/第4章/圣诞背景.jpg"素材图像，选择"编辑"|"粘贴"命令，将复制的图像粘贴到背景图像中，使用移动工具将图像移到画面的下方，如图4-6所示。

图 4-5 复制图像

图 4-6 粘贴图像

`03` 打开"素材\第4章\圣诞老人.psd"素材图像，如图4-7所示。

`04` 在"图层"面板中选择背景图层，单击面板底部的"创建新图层"按钮，得到图层2，如图4-8所示。使用移动工具将圣诞老人移到画面的右侧，可以看到粘贴的图像。

`05` 设置前景色为灰色，选择画笔工具，为圣诞老人绘制投影效果，如图4-9所示。

图 4-7 素材图像

图 4-8 创建图层 2

图 4-9 绘制投影效果

`06` 双击背景图层，将其转换为普通图层，然后按Delete键删除，如图4-10所示。

`07` 按Ctrl+A组合键或选择"编辑"|"全选"命令，全选当前图像。然后选择"编辑"|"选择性拷贝"|"合并拷贝"命令，复制所有可见图层中的图像，如图4-11所示。

`08` 切换到圣诞背景图像，选择"编辑"|"选择性粘贴"|"原位粘贴"命令，将圣诞老人图像粘贴到圣诞背景图像中，移到文字的右上方，效果如图4-12所示。

图 4-10　删除背景图层　　　　图 4-11　合并复制图像　　　　图 4-12　粘贴圣诞老人图像

4.2　变换图像

在Photoshop中，除了对整个图像进行调整以外，还可以对文件中的单一图像进行操作。其中包括缩放图像、旋转图像、斜切图像、扭曲图像、透视图像、变形图像、按特定角度旋转图像、翻转图像等。

4.2.1　缩放图像

在Photoshop中，可以通过调整控制方框来改变图像大小。

【练习4-3】缩小图像

01 打开"素材\第4章\爱心.psd"素材图像，选择图层1。选择"编辑"|"变换"|"缩放"命令，爱心图像的周围将出现一个控制方框，如图4-13所示。

02 按住Shift键，拖动控制方框的任意一个角，即可对图像进行等比例缩放。比如按住左上角向内拖动，可等比例缩小图像，如图4-14所示。

03 将图像缩放到合适的大小后，把光标放到控制方框内，按住鼠标左键进行拖动，可以移动图像，从而调整图像的位置，如图4-15所示。然后双击鼠标，即可完成图像的缩放。

图 4-13　使用"缩放"命令　　　　图 4-14　缩小图像　　　　图 4-15　调整图像的位置

4.2.2 旋转图像

旋转图像的方法与缩放对象一样，选择"编辑"|"变换"|"旋转"命令，然后拖动控制方框的任意一角，即可对图像进行旋转，如图4-16所示。

4.2.3 斜切图像

选择"编辑"|"变换"|"斜切"命令，然后拖动控制方框的任意一角，即可对图像进行斜切，如图4-17所示。

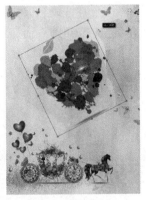 

图 4-16　旋转图像　　　　　　　　图 4-17　斜切图像

4.2.4 扭曲图像

选择"编辑"|"变换"|"扭曲"命令，然后拖动控制方框的任意一角，即可对图像进行扭曲，如图4-18所示。

4.2.5 透视图像

选择"编辑"|"变换"|"透视"命令，然后拖动控制方框的任意一角，即可对图像进行透视，如图4-19所示。

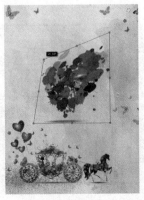 

图 4-18　扭曲图像　　　　　　　　图 4-19　透视图像

4.2.6　变形图像

选择"编辑"|"变换"|"变形"命令，图像上将出现一个网格，通过对这个网格进行编辑，即可达到变形图像局部内容的效果。按住网格中上下左右的小圆点进行拖动，调整控制手柄即可对图像进行变形操作，如图4-20所示。

4.2.7　按特定角度旋转图像

选择"编辑"|"变换"命令，从弹出的子菜单中可以选择3种以特定角度旋转图像的命令，分别是"旋转180度""顺时针旋转90度"和"逆时针旋转90度"。选择"旋转180度"命令，得到的效果如图4-21所示；选择"顺时针旋转90度"命令，得到的效果如图4-22所示。

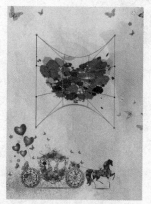 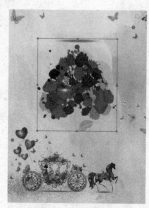 

图 4-20　变形图像　　　　图 4-21　旋转图像 180 度　　　　图 4-22　顺时针旋转图像 90 度

4.2.8　翻转图像

图像在编辑过程中，若需要使用对称的图像，则可以对图像进行水平或垂直翻转。选择"编辑"|"变换"|"水平翻转"命令，可以将图4-23所示的图像水平翻转，效果如图4-24所示；选择"编辑"|"变换"|"垂直翻转"命令，可以将图像垂直翻转，效果如图4-25所示。

图 4-23　原图　　　　图 4-24　水平翻转图像　　　　图 4-25　垂直翻转图像

> ❖ **注意:**
>
> 这里所说的翻转图像主要针对分层图像中的单一对象而言，与"水平（垂直）翻转画布"命令相比有很大的区别。

4.3 擦除图像

使用橡皮擦工具组可以轻松擦除多余的图像，而仅保留需要的部分。在擦除的过程中，还可以使图像产生一些特殊效果。

4.3.1 使用橡皮擦工具

橡皮擦工具 ⬛ 可以改变图像中的像素，主要用来擦除当前图像中的颜色。如果擦除的图像为普通图层，则会将像素涂抹成透明效果；如果擦除的是背景图层，则会将像素涂抹成工具箱中的背景颜色。

【练习4-4】制作卡通人物标签

01 打开"素材\第4章\标签.jpg"素材图像，如图4-26所示。选择橡皮擦工具 ⬛，设置工具箱中的背景色为绿色。

02 单击属性栏左端的 ⬛ 按钮，打开"画笔设置"面板，选择"草"画笔样式，如图4-27所示。

图 4-26 素材图像

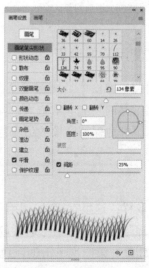

图 4-27 设置画笔

03 设置好画笔后，在标签图像中的交界处拖动鼠标以擦除图像，擦除后的图像呈现绿草样式，颜色为背景色，效果如图4-28所示。

04 在"图层"面板中双击背景图层，在弹出的"新建图层"提示框中单击"确定"按钮，将背景图层转换为普通图层，如图4-29所示。

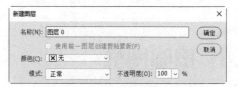

图 4-28　擦除图像　　　　　　　　　　　　　　　图 4-29　转换背景图层

05 在属性栏中选择"柔角"画笔样式，然后在标签图像中拖动以擦除图像，得到透明的背景效果，如图4-30所示。

06 打开"素材\第4章\小人物.psd"素材图像，使用移动工具分别将小人物图像移到当前编辑的图像中，适当调整小人物图像的大小，放到每一个擦除后的标签图像中，并在"图层"面板中调整标签图像为最上一层，如图4-31所示。完成后的效果如图4-32所示。

图 4-30　透明的背景效果　　　　图 4-31　图层效果　　　　图 4-32　图像效果

4.3.2　使用背景橡皮擦工具

使用背景橡皮擦工具 可以直接将图像擦除为透明色。作为一种智能化擦除工具，背景橡皮擦工具的功能非常强大，除了可以擦除图像之外，还可以用于抠图，因为背景橡皮擦工具能很好地保留图像的边缘色彩。背景橡皮擦工具的属性栏如图4-33所示。

图 4-33　背景橡皮擦工具的属性栏

○ 取样：这里有3个按钮用于设置擦除颜色的取样方式。单击"连续"按钮 ，可在擦除图像时对颜色进行取样，图像上被取样的颜色将会被擦除；单击"一次"按钮 ，第一次单击的颜色将被设置为取样颜色，可在图像上擦除与取样颜色相同的区域；单击"背景色板"按钮 ，可将背景色作为取样颜色，在图像上擦除与背景色相同或相近的区域。

○ "限制"：设置背景橡皮擦工具的擦除模式。其中，"不连续"选项可用于擦除所有具有取样颜色的像素；"连续"选项用于擦除光标位置附近具有取样颜色的像素；"查找边缘"选项可在擦除时保持图像边界的锐度。

○ "容差"：用于设置擦除颜色的范围。

○ "保护前景色"：选中这个复选框后，可以防止图像上具有前景色的区域被擦除。

【练习4-5】制作水中玻璃瓶效果

01 打开"素材\第4章\玻璃瓶.jpg"素材图像，如图4-34所示。

02 选择背景橡皮擦工具，在属性栏中设置画笔大小为70、"容差"为35，对背景图像进行擦除，得到透明的背景图像，效果如图4-35所示。

图 4-34 素材图像

图 4-35 擦除背景图像

03 打开"素材\第4章\水花.jpg"素材图像，使用移动工具将抠取出来的玻璃瓶图像拖放到水花图像中，可以看到玻璃瓶图像的边缘还有一些残留的背景图像，效果如图4-36所示。

04 选择橡皮擦工具，在属性栏中设置画笔大小为30，擦除玻璃瓶图像的边缘，然后降低不透明度，适当擦除玻璃瓶图像的底部，使其与水花图像自然融合，效果如图4-37所示。

图 4-36 拖动玻璃瓶图像

图 4-37 最终效果

4.3.3 使用魔术橡皮擦工具

魔术橡皮擦工具是魔棒工具与背景橡皮擦工具的结合，只需在需要擦除的颜色范围内单击，便可以自动擦除指定颜色处相近的图像区域，擦除后的图像背景显示为透明状态。魔术橡皮擦工具的属性栏如图4-38所示。

图 4-38　魔术橡皮擦工具的属性栏

○ "容差"：用于设置被擦除图像颜色与取样颜色之间的差异大小，数值越小，擦除的图像颜色与取样颜色越接近。

○ "消除锯齿"：选中这个复选框后，可使擦除区域的边缘更加光滑。

○ "连续"：选中这个复选框后，便可以擦除位于点选区域附近，并且在容差范围内的颜色区域，如图4-39所示。如果取消选中这个复选框，那么容差范围内的颜色区域都将被擦除，如图4-40所示。

图 4-39　选中"连续"复选框时的擦除效果　　　图 4-40　未选中"连续"复选框时的擦除效果

4.3.4　课堂案例——为玻璃瓶制作瓶贴

下面为玻璃瓶制作瓶贴，可通过运用"变形"命令和橡皮擦工具来完成，案例效果如图4-41所示。

图 4-41　案例效果

案例分析

首先使用"缩放"命令等比例缩小瓶贴图像，使其与瓶身大小一致，再通过变形操作，调整瓶贴图像造型。然后使用橡皮擦工具对图像进行擦除操作，得到高光图像，最后添加阴影图像，让瓶贴更有立体感。

操作步骤

01 打开"素材\第4章\瓶子.psd"和"桃花.jpg"素材图像，如图4-42和图4-43所示。

图 4-42　瓶子图像

图 4-43　桃花图像

02 使用移动工具将桃花图像(用作瓶贴图像)直接拖动到瓶子图像中，如图4-44所示。这时，"图层"面板中将自动生成图层2，如图4-45所示。

图 4-44　移动图像

图 4-45　生成图层 2

03 选择"编辑"|"变换"|"缩放"命令，桃花图像的周围将出现变换框，将光标放到变换框四个角的外侧进行拖动，等比例缩小桃花图像，如图4-46所示。

04 在变换框中右击，在弹出的菜单中选择"变形"命令，如图4-47所示。桃花图像中显示出变形网格，如图4-48所示。

05 在变形网格中，分别拖动4个角的控制点到瓶身边缘，使其与边缘对齐，如图4-49所示。再调整瓶身两侧的控制点，使桃花图像的形状依照瓶身结构扭曲，如图4-50所示，然后按Enter键确定。

06 观察玻璃瓶身，瓶身的左侧和右侧都有较亮的高光图形。选择橡皮擦工具，在属性栏中设置画笔大小为30、不透明度为50%，在桃花图像对应的位置进行擦除，效果如图4-51所示。

图4-46　等比例缩小桃花图像

图4-47　选择"变形"命令

图4-48　变形网格

图4-49　调整4个角的控制点

图4-50　调整边缘

图4-51　擦除图像

07 新建一个图层，设置前景色为黑色，选择画笔工具，在桃花图像的中间绘制阴影图像，如图4-52所示。

08 在"图层"面板中设置图层混合模式为"柔光"，得到的图像效果如图4-53所示。

09 另外新建一个图层，将其放到背景图层的上方。选择画笔工具，在玻璃瓶的底部绘制一块黑色区域，作为瓶身的投影，如图4-54所示。

图4-52　绘制阴影图像

图4-53　"柔光"效果

图4-54　绘制投影

4.4 裁剪与清除图像

在编辑图像的过程中，除了常见的移动、复制、变换图像之外，还经常需要根据设计需求对图像进行裁剪和清除等操作。

4.4.1 裁剪图像

使用工具箱中的裁剪工具 🔲 可以整齐地裁切选区以外的图像，从而调整画布大小。用户可以通过裁剪工具方便、快捷地获得需要的图像尺寸。裁剪工具的属性栏如图4-55所示。

图 4-55　裁剪工具的属性栏

图4-55中各个选项的作用分别如下。

- "比例"：在"比例"下拉列表中可以选择多种裁切的约束比例。
- 约束比例 ▮▮▮▮▮▮▮▮▮▮▮▮：可通过输入数值来设置裁剪后图像的宽度和高度。
- "拉直"：可通过在图像中绘制一条直线来拉直图像。
- "设置其他裁切选项" ⚙：在这里可以对裁切的其他参数进行设置，如显示裁剪区域或自动居中预览等。
- "清除" ▮清除▮：单击这个按钮可清除前面的参数设置。
- "删除裁剪的图像"：选中这个复选框后，裁剪区域中的内容将被删除。

【练习4-6】裁剪图像

`01` 打开"素材\第4章\捧花.jpg"素材图像，如图4-56所示。

`02` 选择裁剪工具 🔲，在图像中单击并拖动鼠标以创建裁剪框，未选择的区域都以灰色显示，如图4-57所示。

图 4-56　素材图像

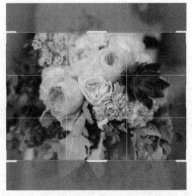

图 4-57　裁剪区域

03 在裁剪框中双击或按下Enter键即可得到裁剪后的图像，如图4-58所示。

04 按Ctrl+Z组合键，撤销上一步操作，在裁切工具的属性栏中设置约束比例为2:2，然后在图像窗口中单击并拖动鼠标，即可出现比例大小固定的裁剪框，如图4-59所示。

05 在裁剪框中右击，从弹出的菜单中选择"裁剪"命令，即可再次对图像进行裁剪，效果如图4-60所示。

图 4-58　裁剪后的图像　　　　图 4-59　按约束比例裁剪图像　　　　图 4-60　再次裁剪后的图像

4.4.2　清除图像

不需要的图像区域可以清除。图像的清除操作非常简单，只需要为想要清除的图像创建选区，然后选择"编辑"|"清除"命令或者按Delete键，即可清除选区内的图像。

❖ **注意:**

如果清除的是非背景层图像，那么清除的部分将变成透明区域；如果清除的是背景层图像，那么清除的部分将变成背景色。用户也可以按Delete键，打开"填充"对话框，然后用指定的内容填充想要清除的区域。

4.5　还原与重做

用户在编辑图像的过程中难免执行一些错误的操作，使用图像还原操作即可轻松回到原始状态，并且还可以制作一些特殊效果。

4.5.1　通过菜单命令进行操作

用户在绘制图像时，常常需要反复进行修改才能得到理想的效果，因而在操作过程中难免遇到想要撤销之前的步骤并重新操作的情况，这时可以使用下面的方法来撤销误操作。

○ 选择"编辑"|"还原"命令，可以撤销正在进行的操作。

○ 选择"编辑"|"重做"命令，可以向前恢复已撤销的操作。

○ 选择"编辑"|"切换最终状态"命令，可以恢复到最初的图像效果。

❖ 注意:

在绘制图像时,还可以使用组合键对图像应用还原和重做操作。按Ctrl+Z组合键可以撤销一次正在进行的操作,按Shift+Ctrl+Z组合键可以重做已撤销的操作,按Alt+Ctrl+Z组合键可以将图像恢复到最初状态。

4.5.2 通过"历史记录"面板进行操作

如果用户使用其他工具在图像上进行了误操作,可以使用"历史记录"面板来还原图像。"历史记录"面板用来记录用户对图像进行的操作,它可以帮助你恢复到"历史记录"面板中显示的任何操作状态。

【练习4-7】使用"历史记录"面板进行还原操作

01 打开"素材\第4章\花门.jpg"素材图像,如图4-61所示。

02 选择"窗口"|"历史记录"命令,打开"历史记录"面板,如图4-62所示,从中可以看到文件的初始状态。

图 4-61 素材图像

图 4-62 "历史记录"面板

03 选择"图像"|"调整"|"亮度/对比度"命令,打开"亮度/对比度"对话框,调整对话框中的参数,如图4-63所示,完成后单击"确定"按钮。

04 选择"图像"|"调整"|"自然饱和度"命令,打开"自然饱和度"对话框,调整对话框中的参数,如图4-64所示,完成后单击"确定"按钮。

图 4-63 调整图像的亮度和对比度

图 4-64 调整图像的饱和度

05 为图像调整好颜色后，得到的图像效果如图4-65所示，"历史记录"面板中记录的状态如图4-66所示。

图 4-65 图像效果   图 4-66 记录的状态

06 将光标移到"历史记录"面板中，单击第二步操作"亮度/对比度"，可以将图像返回到增加亮度之前的状态，如图4-67所示。

07 在"历史记录"面板中单击快照区，可以撤销所有操作，即使中途保存过文件，也能将图像恢复到最初的打开状态，如图4-68所示。

08 如果想要恢复所有已撤销的操作，可以单击最后一步操作，如图4-69所示。

图 4-67 撤销第二步操作   图 4-68 撤销所有操作   图 4-69 恢复所有操作

❖ **注意:**

在Photoshop中，"历史记录"面板只记录对图像曾经操作过的步骤，用户对面板、动作、首选项以及颜色设置所做的修改，是不会被记录下来的。

4.5.3 创建非线性历史记录

非线性历史记录允许用户在更改选择的状态时保留之前的操作。

【练习4-8】使用"历史记录"面板进行还原操作

01 打开一幅素材图像，对其随意进行一些操作。

02 在"历史记录"面板中单击中间一步操作以进行还原，可以看到这一步之后的操作都将以灰色显示，如图4-70所示。

03 当用户进行新的操作时，灰色的操作都将被新的操作代替，如图4-71所示。

图4-70 还原操作   图4-71 新的操作代替了显示为灰色的操作

04 单击"历史记录"面板右上方的■按钮，在弹出的菜单中选择"历史记录选项"命令，如图4-72所示，打开"历史记录选项"对话框，选中"允许非线性历史记录"复选框，即可将历史记录设置为非线性状态，如图4-73所示。

05 再次在"历史记录"面板中选择之前的操作，然后使用新的操作，可以看到新的操作记录将自动排在最下方，而之前的操作记录也保留了下来，效果如图4-74所示。

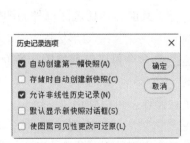

图4-72 选择"历史记录选项"命令   图4-73 设置历史记录选项   图4-74 "历史记录"面板

4.6 清理图像编辑中的缓存数据

当用户在Photoshop中编辑图像时，随着图层越来越多，你会遇到计算机运行速度变慢的情况，这是由于Photoshop需要保存大量的中间数据造成的。选择"编辑"|"清理"命令，从弹出的子菜单中选择相应的命令，可以清理剪贴板、历史记录和视频占用的内存，如图4-75所示。选择"全部"命令，可以一次性清除所有缓存数据。

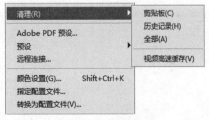

图4-75 "清理"命令

❖ **注意：**

　　在"清理"命令的子菜单中选择"历史记录"和"全部"命令后，系统会将 Photoshop中打开的所有文件清除。如果只需要清除当前文件，可以选择当前文件，然后单击"历史记录"面板右上方的 ▉ 按钮，从弹出的菜单中选择"清除历史记录"命令即可。

4.7　思考与练习

　　1. 在按住_____键的同时，使用选择工具拖动选区内的图像，可以对其进行复制。

　　　　A. Alt　　　　　　B. Ctrl　　　　　　C. Shif　　　　　　D. Tab

　　2. 按_____组合键，可以将选区内的图像复制到剪贴板中。

　　　　A. Ctrl+V　　　　B. Ctrl+C　　　　　C. Shift +C　　　　D. Shift+V

　　3. 按_____组合键，可以对复制到剪贴板中的图像进行粘贴。

　　　　A. Ctrl+V　　　　B. Ctrl+C　　　　　C. Shift +C　　　　D. Shift+V

　　4. 使用"编辑"|"变换"命令不能对图像进行_____操作。

　　　　A. 水平翻转　　　B. 垂直翻转　　　　C. 缩放　　　　　　D. 复制

　　5. 使用工具箱中的_____工具能够裁切选区以外的图像，从而调整画布大小。

　　　　A. 套索　　　　　B. 移动　　　　　　C. 矩形选区　　　　D. 裁剪

　　6. 选择"编辑"|"_____"命令可以向前撤销一步操作。

　　　　A. 后退一步　　　B. 前进一步　　　　C. 变换　　　　　　D. 填充

　　7. 如果用户在图像上进行了误操作，可以使用"_____"面板来还原图像。

　　　　A. 信息　　　　　B. 图层　　　　　　C. 历史记录　　　　D. 属性

　　8. 使用橡皮擦工具擦除图像时会产生什么效果？

　　9. 魔术橡皮擦工具的作用是什么？

第5章

填充图像色彩

本章介绍图像色彩编辑的基础知识，让你认识前景色和背景色，掌握颜色面板组和吸管工具组的使用方法。本章还通过介绍各种填充方式，让你能够灵活运用各种方法对图像进行填充。

5.1 认识颜色填充工具

用户在处理图像时,如果要对图像或图像区域进行色彩填充或描边,就需要对当前的颜色进行设置。

5.1.1 认识前景色与背景色

在Photoshop中,前景色与背景色设置工具位于工具箱的底部,如图5-1所示。前景色用于显示当前绘制图像的颜色,背景色用于显示图像的背景颜色。单击前景色与背景色设置工具右上方的图标,可以进行前景色和背景色的切换;单击左上方的图标,可以将前景色和背景色设置成系统默认的黑色和白色。

在为图像填充颜色或者使用绘制工具之前,都需要设置前景色和背景色。单击工具箱底部的"前景色"色块,将打开"拾色器(前景色)"对话框,在其中单击颜色区域或者输入颜色数值,即可设置前景色,如图5-2所示。同样,单击"背景色"色块,即可在打开的"拾色器(背景色)"对话框中设置背景色。

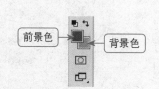

图 5-1　前景色和背景色设置工具

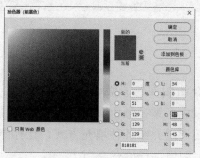

图 5-2　设置前景色

> ❖ **注意:**
>
> 更改完前景色和背景色之后,单击工具箱中的"默认前景色和背景色"图标,或者按D键,即可恢复使用默认的前景色和背景色。

5.1.2 了解拾色器

在Photoshop中,颜色可以通过输入具体的数值来进行设置,这样定制出来的颜色更加准确。单击"前景色"色块,打开"拾色器(前景色)"对话框,可根据实际需要,在不同的数值栏中输入数字,以达到理想的颜色效果。

【练习5-1】在拾色器中设置前景色

01 单击"前景色"色块,打开"拾色器(前景色)"对话框,拖动彩色条两侧的三角形滑块可设置色相,然后在颜色区域单击颜色以确定饱和度和明度,如图5-3所示。

02 在"拾色器(前景色)"对话框右侧的文本框中输入数值可以精确设置颜色，分别有HSB、Lab、RGB、CMYK共4种色彩模式，如图5-4所示。

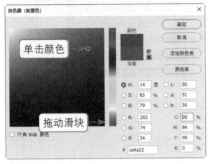

图5-3 "拾色器(前景色)"对话框

图5-4 输入数值以设置颜色

○ RGB：这是最基本也是使用最广泛的颜色模式。RGB颜色模式源于有色光的三原色原理，其中R代表红色(Red)，G代表绿色(Green)，B代表蓝色(Blue)。

○ CMYK：这是一种减色模式，C代表青色(Cyan)，M代表品红色(Magenta)，Y代表黄色(Yellow)，K代表黑色(Black)。在印刷过程中，使用这4种颜色的印刷板可以产生各种不同的颜色效果。

○ Lab：这是Photoshop在不同色彩模式之间转换时使用的内部颜色模式，共有3条颜色通道——一条代表亮度，用字母L来表示；另外两条代表颜色范围，分别用a和b来表示。

○ HSB：HSB颜色模式中的H、S、B分别表示色调、饱和度、亮度，这是一种从视觉角度定义的颜色模式。虽然可以使用HSB颜色模式从"颜色"面板中拾取颜色，但Photoshop没有提供用于创建和编辑图像的HSB颜色模式。

03 选中"拾色器(前景色)"对话框左下角的"只有Web颜色"复选框，进入如图5-5所示的界面，这时选择的任何一种颜色都是Web安全颜色。

04 在"拾色器(前景色)"对话框中单击"颜色库"按钮，弹出"颜色库"对话框，其中已经显示了拾色器中与当前选中的颜色最为接近的一种颜色，如图5-6所示。

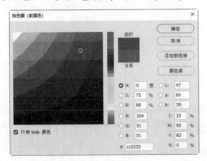

图5-5 Web颜色效果

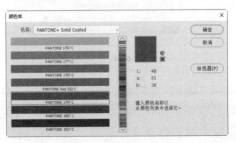

图5-6 "颜色库"对话框

05 单击"色库"右侧的三角形按钮，在下拉菜单中可以选择需要的颜色系统，如图5-7所示。然后在下方的颜色列表中单击对应的编号，单击"确定"按钮即可得到所需的颜色，如图5-8所示。

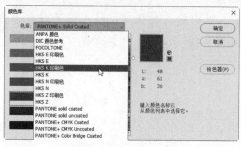

图 5-7　选择颜色系统

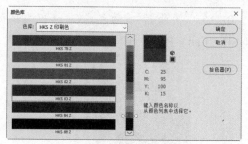

图 5-8　单击所需颜色的编号

5.1.3　颜色面板组

在Photoshop 2020中，颜色面板组包含4个面板，分别是"颜色"面板、"色板"面板、"渐变"面板和"图案"面板，用户可以通过多种方法来调配颜色，以提高编辑和操作速度。

选择"窗口"|"颜色"命令，打开"颜色"面板，面板左上方的色块分别代表前景色与背景色，如图5-9所示。选择其中一个色块，分别拖动L、a、b中的滑块即可调整颜色，调整后的颜色将应用到前景色或背景色中。用户也可直接在"颜色"面板底部的颜色区域单击鼠标，以获取需要的颜色。

选择"窗口"|"色板"命令，打开"色板"面板，最顶部的色块为已经使用过的颜色，下方的列表则集合了多种颜色组合，如图5-10所示。单击任意一个色块即可将其设置为前景色；在按住Alt键的同时单击其中的色块，可将其设置为背景色。

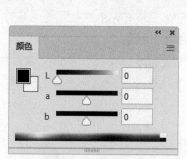

图 5-9　"颜色"面板

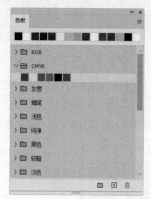

图 5-10　"色板"面板

选择"窗口"|"渐变"命令，打开"渐变"面板。与"色板"面板一样，最顶部的色块为已经使用过的颜色，下方的列表则集合了多种渐变组合，如图5-11所示。在"渐变"面板中单击任意一个色块，即可得到预设的渐变颜色。同样，在"图案"面板中(可通过选择"窗口"|"图案"命令打开)单击任意一种图案，即可得到预设的图案样式，如图5-12所示。

图 5-11 "渐变"面板

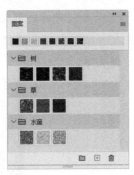

图 5-12 "图案"面板

5.1.4 吸管工具组

使用吸管工具 和颜色取样器工具 可以吸取图像或面板中的颜色，下面分别介绍这两种工具的使用方法。

1. 吸管工具

用户在打开或新建一幅图像后，即可使用吸管工具吸取图像或面板中的颜色，吸取的颜色将在工具箱底部的前景色或背景色中显示出来。

选取吸管工具 后，属性栏如图5-13所示。将光标移到图像窗口中，单击所需的颜色，即可吸取出新的前景色，如图5-14所示；按住Alt键的同时在图像窗口中单击，即可选取新的背景色。

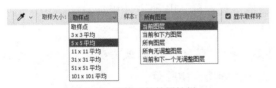

图 5-13 吸管工具的属性栏

图 5-14 吸取颜色

图5-13中各个选项的作用分别如下。

- ❏ "取样大小"：在右侧的下拉列表中可设置采样区域的像素大小，采样时取平均值。"取样点"为Photoshop 2020中的默认设置。
- ❏ "样本"：用于设置采样的图像为当前图层还是所有图层。

2. 颜色取样器工具

颜色取样器工具 用于颜色的选取和采样，使用该工具时不能直接选取颜色，只能通过在图像中单击得到"采样点"来获取颜色信息。

【练习5-2】采集颜色信息

01 选择"窗口"|"信息"命令，打开"信息"面板，然后选择颜色取样器工具 ，

将光标移到图像中，可以看到光标所到之处的图像颜色信息，如图5-15所示。

02 在图像中单击一次，即可获取图像颜色，这时"信息"面板中将会显示这次获取的颜色信息，如图5-16所示。

图 5-15　图像颜色信息

图 5-16　获取的颜色信息

03 使用颜色取样器工具在图像中最多可以设置4个采样点，在图像中继续单击三次进行采样，得到的颜色信息如图5-17所示，图像中也会有采样标记。

图 5-17　4 个采样点的颜色信息

❖ **注意:**

用户使用颜色取样器工具在图像中采样后，如果想要重新设置采样点，可以单击属性栏中的"清除"按钮。

5.1.5　存储颜色

在Photoshop中，用户可以对自定义的颜色进行存储，从而方便以后直接调用。

【练习5-3】在色板中存储颜色

01 设置前景色为需要保存的颜色，然后选择"窗口"|"色板"命令，打开"色板"面板，单击面板底部的"创建新色板"按钮 ⊡，如图5-18所示。

02 打开"色板名称"对话框，输入颜色的存储名称后，单击"确定"按钮，完成颜色的存储，如图5-19所示。存储的颜色将显示在"色板"面板的底部，如图5-20所示。

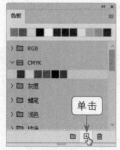

图 5-18　单击"创建新色板"按钮

图 5-19　设置名称

图 5-20　存储的颜色位于面板底部

在"色板"面板中只能存储单一的颜色，用户还可以通过"渐变编辑器"对话框在"渐变"色板中存储渐变颜色。

【练习5-4】存储渐变颜色

01 选择"渐变"面板，单击面板底部的"创建新渐变"按钮⊞，打开"渐变编辑器"对话框，设置好需要保存的渐变颜色，如图5-21所示。

02 单击"新建"按钮，渐变颜色将自动保存在"预设"列表框的底部，如图5-22所示。

03 单击"确定"按钮，返回到工作界面，可以在"渐变"面板中看到渐变颜色已自动添加到"渐变"面板的底部，如图5-23所示。

图 5-21 设置渐变颜色　　　　图 5-22 存储渐变色　　　图 5-23 "渐变"面板中的渐变颜色

❖ **注意：**

在"渐变"面板中选择一种渐变样式，单击"渐变"面板底部的"删除渐变"按钮🗑，在弹出的提示框中单击"确定"按钮，就可以将渐变颜色删除。

5.2 填充和描边图像

用户在绘制图像前首先需要设置好所需的颜色，当具备这一条件后，就可以将颜色填充到图像中。下面介绍几种常见的填充方法。

5.2.1 使用油漆桶工具

油漆桶工具🪣用于为图像填充前景色或图案，但是不能用于位图模式的图像。在工具箱中选择油漆桶工具🪣后，属性栏如图5-24所示。

图 5-24 油漆桶工具的属性栏

在油漆桶工具的属性栏中，各个选项的作用分别如下。

- "前景"\"图案"：用于设置填充的是前景色还是图案。
- "模式"：用于设置填充图像颜色时的混合模式。
- "不透明度"：用于设置填充内容的不透明度。
- "容差"：用于设置填充内容的范围。
- "消除锯齿"：用于设置是否消除填充边缘的锯齿。
- "连续的"：用于设置填充的范围，选中此复选框后，油漆桶工具只填充相邻的区域；未选中的话，不相邻的区域也将被填充。
- "所有图层"：选中该复选框后，油漆桶工具将对图像中的所有图层起作用。

【练习5-5】填充卡通图像

01 打开"素材\第5章\卡通图像.jpg"素材图像，如图5-25所示。

02 设置前景色为天蓝色，在工具箱中选择油漆桶工具 ，在属性栏中设置"容差"为10，并选中"连续的"复选框，在背景图像中单击，即可将单击位置的颜色填充为前景色，如图5-26所示。

图 5-25　素材图像　　　　　　　　　图 5-26　填充颜色

03 设置前景色为黄色，在属性栏中设置"容差"为20，并取消选中"连续的"复选框，在太阳图像中单击，为太阳图像填充颜色，如图5-27所示。

04 在油漆桶工具的属性栏中改变填充方式为"图案"，然后单击右侧的三角形按钮，在弹出的面板中选择一种图案，如图5-28所示。

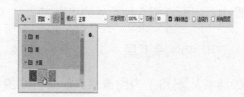

图 5-27　为太阳图像填充颜色　　　　　图 5-28　选择图案

05 将光标移到浅灰色的热气球图像中并单击，即可在指定的图像中填充选择的图案，如图5-29所示。

06 在属性栏中选择填充方式为"颜色",然后分别设置前景色为蓝色和橘黄色,填充热气球图像中其他灰色区域的颜色,效果如图5-30所示。

图 5-29 填充图案

图 5-30 填充颜色

5.2.2 使用"填充"命令

使用"填充"命令可以对图像的选区或当前图层进行颜色和图案的填充,并且在填充的同时还可以设置填充颜色或图案的混合模式和不透明度。

【练习5-6】为图像添加图案

01 打开"素材\第5章\花朵图像.psd"素材图像,如图5-31所示,可以看到背景为透明状态。

02 在"图层"面板中新建一个图层,名为图层2,按住鼠标左键的同时拖动图层2到图层1的下方,如图5-32所示。

图 5-31 打开的素材图像

图 5-32 新建图层 2

03 选择"编辑"|"填充"命令,打开"填充"对话框,如图5-33所示。

04 在"填充"对话框中单击"内容"右边的三角形按钮,在弹出的下拉菜单中选择"图案"选项,如图5-34所示。

图 5-33 "填充"对话框

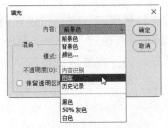

图 5-34 选择填充内容

"填充"对话框中各个选项的作用分别如下。

○ "内容"：在"内容"下拉列表中可设置填充内容，包括"前景色""背景色""图案"等。如果图像中有选区，可选择"内容识别"选项进行填充，系统将自动用选区周围的图像填充选区，得到自然过渡的色调与图案。

○ "模式"：在"模式"下拉列表中可设置填充内容的混合模式。

○ "不透明度"：用于设置填充内容的透明程度。

○ "保留透明区域"：用于填充图层中的像素。

⑤ 单击"自定图案"右侧的三角形按钮，弹出的面板中包含了系统自带的3组图案样式，这里选择"水-池"样式，如图5-35所示。

⑥ 单击"确定"按钮，即可将选择的图案样式填充到背景图像中，如图5-36所示。

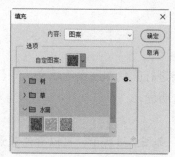

图5-35 选择图案样式

图5-36 填充的图案

⑦ 按Ctrl+Z组合键后退一步，再次打开"填充"对话框，在"内容"下拉列表中选择"颜色"选项，即可打开"拾色器(填充颜色)"对话框，在其中选择一种颜色，如图5-37所示。然后单击两次"确定"按钮即可得到想要填充的颜色，效果如图5-38所示。

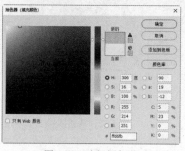

图5-37 选择颜色

图5-38 填充颜色

5.2.3 图像描边

图像描边是指使用一种颜色沿图像或选区边界进行填充。选择"编辑"|"描边"命令，打开如图5-39所示的"描边"对话框，设置完参数后单击"确定"按钮即可描边选区。"描边"对话框中各个选项的作用分别如下。

图5-39 "描边"对话框

○ "宽度"：在右侧的数值框中输入数值，可以设置描边后生成的填充线条的宽度，取值范围为1～250像素。

○ "颜色"：用于设置描边的颜色，单击右侧的色块可以打开"拾色器(描边颜色)"对话框，在其中可设置其他描边颜色。

○ "位置"：用于设置描边位置。"内部"表示在图像或选区边界以内进行描边；"居中"表示以图像或选区边界为中心进行描边；"居外"表示在图像或选区边界以外进行描边。

○ "混合"：设置描边后颜色的不透明度和着色模式。

○ "保留透明区域"：选中该复选框后，进行描边时将不影响原图层中的透明区域。

【练习5-7】为图像设置描边效果

[01] 打开"素材\第5章\玻璃球.jpg"素材图像，使用椭圆选框工具在图像中绘制一个圆形选区，如图5-40所示。

[02] 选择"编辑"|"描边"命令，打开"描边"对话框，设置"宽度"为30像素，设置"位置"为"居中"，选择"模式"为"叠加"，如图5-41所示。

图 5-40　绘制一个圆形选区　　　　图 5-41　设置描边选项

[03] 单击"颜色"右侧的色块，在打开的对话框中设置描边颜色为白色，如图5-42所示。

[04] 单击"确定"按钮，按Ctrl+D组合键取消选区，即可得到图像描边效果，如图5-43所示。

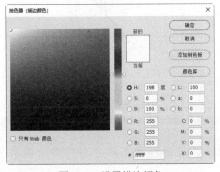

图 5-42　设置描边颜色　　　　　　图 5-43　图像描边效果

5.2.4　课堂案例——制作春季海报

下面制作春季海报，主要练习选区描边和填充图案等操作，案例效果如图5-44所示。

案例分析

使用"描边"命令可以制作出图像的边框效果，并在其中添加各种花朵、树叶等素材图像，得到美妙的画面。再通过绘制选区，使用油漆桶工具和"填充"命令做实底填充，得到色块图像，使读者能够熟练掌握各种填充工具的运用。

操作步骤

01 打开"素材\第5章\背影.psd"素材图像，按住Ctrl键的同时单击图层1，载入人物图像选区，如图5-45所示。

02 新建一个图层，然后选择"编辑"|"描边"命令，打开"描边"对话框，设置描边"宽度"为5像素、"颜色"为黑色、"位置"为"居中"，如图5-46所示。

图 5-44 案例效果

图 5-45 载入人物图像选区

图 5-46 设置描边选项

03 单击"确定"按钮，单击图层1前面的眼睛图标，隐藏图层1，得到图像描边效果，如图5-47和图5-48所示。

图 5-47 隐藏图层

图 5-48 图像描边效果

04 打开"素材\第5章\花朵.psd"素材图像，使用移动工具分别将两个图层中的图像拖动到当前编辑的图像中，如图5-49所示。

05 按住Ctrl键的同时单击图层1，载入人物图像选区，再通过"选择"|"反选"命令，按Delete键删除选区中的图像，得到如图5-50所示的效果。

图5-49 添加素材图像

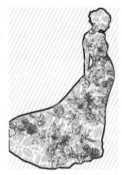

图5-50 删除部分图像

06 新建一个图层，选择多边形套索工具，在图像中绘制一个四边形选区，如图5-51所示。

07 选择"编辑"|"填充"命令，打开"填充"对话框，在"内容"下拉列表中选择"颜色"选项，如图5-52所示。

08 在打开的"拾色器(填充颜色)"对话框中设置颜色为洋红色(R207,G6,B65)，如图5-53所示。

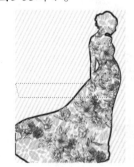

图5-51 绘制一个四边形选区

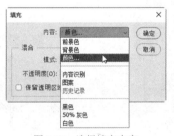

图5-52 选择填充内容

图5-53 设置填充颜色

09 依次单击"确定"按钮，即可为选区填充颜色，如图5-54所示。

10 选择多边形选框工具，按住Shift键进行加选，在洋红色图像的左右两侧分别绘制一个三角形选区，如图5-55所示。

图5-54 填充选区

图5-55 绘制两个三角形选区

11 设置前景色为深红色(R147,G0,B43)，选择油漆桶工具，在选区内单击，为选区填充颜色，如图5-56所示。

⑫ 选择横排文字工具，在画面中输入文字，参照如图5-57所示的样式进行排列，分别设置文字的颜色为洋红色(R207,G6,B65)和白色。

图 5-56　填充选区

图 5-57　输入并设置文字

⑬ 在"图层"面板中选择50%文字图层，选择"文字"|"栅格化文字图层"命令，将文字图层转换为普通图层。

⑭ 选择矩形选框工具，框选文字的下半部分，按Delete键删除图像，如图5-58所示。

⑮ 打开"素材\第5章\蝴蝶.psd"和"树叶.psd"素材图像，使用移动工具分别将两幅图像拖动到当前编辑的图像中，放到画面的左上方，最终效果如图5-59所示。

图 5-58　删除图像

图 5-59　最终效果

5.3　为图像填充渐变色

用户在绘制图像前首先需要设置好所需的颜色，然后就可以将颜色填充到图像中。渐变工具和油漆桶工具都是图像填充工具，但功能不同，填充效果也不同，下面将为读者介绍渐变工具的使用方法。

5.3.1　填充渐变色

渐变工具 可以实现多种颜色间的逐渐混合，用户可以在"渐变编辑器"对话框中选择预设的渐变色，也可以自定义渐变色。选择渐变工具 后，属性栏如图5-60所示。

模式：正常　　不透明度：100%　　□反向　☑仿色　☑透明区域

图 5-60　渐变工具的属性栏

渐变工具的属性栏中各个选项或按钮的作用分别如下。

○ ：单击右侧的三角形按钮将打开渐变工具面板，其中提供了12组颜色渐变
模式供用户选择，单击渐变工具面板右侧的 ✿ 按钮，在弹出的下拉菜单中可以选
择其他渐变。

○ 渐变类型 ：其中的5个按钮分别代表5种渐变方式，它们是线性渐变、
径向渐变、角度渐变、对称渐变和菱形渐变，应用效果如图5-61所示。

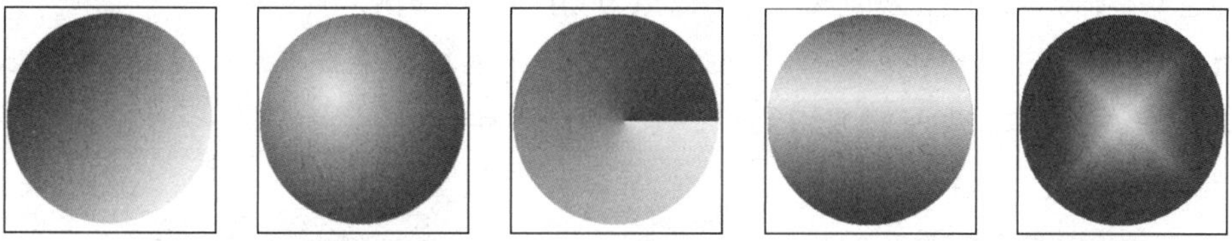

(a) 线性渐变　　　　(b) 径向渐变　　　　(c) 角度渐变　　　　(d) 对称渐变　　　　(e) 菱形渐变

图 5-61　5种不同的渐变效果

○ "模式"：用于设置应用渐变时图像的混合模式。

○ "不透明度"：用于设置应用渐变时填充颜色的不透明度。

○ "反向"：选中此复选框后，产生的渐变色将与设置的渐变顺序相反。

○ "仿色"：选中此复选框后，在填充渐变色时，将增加渐变色的中间色调，使渐
变效果更加平缓。

○ "透明区域"：用于关闭或打开渐变图案的透明度设置。

【练习5-8】为图像填充渐变色

01 选择"文件"|"新建"命令，新建一个图像文件，选择工具箱中的渐变工具 ，
单击属性栏左侧的渐变色条 ，打开"渐变编辑器"对话框，如图5-62所示。

02 在"预设"选项区域展开预设样式组，选择一种渐变样式，该渐变样式将会出现
在下方的渐变色条上，如图5-63所示。

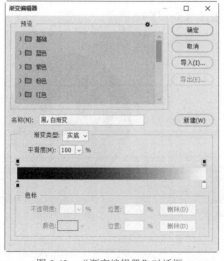

图 5-62　"渐变编辑器"对话框

图 5-63　选择渐变样式

❖ 注意:

在渐变色条中单击下方的色标即可将它选中，最左侧的色标代表渐变色的起点，最右侧的色标代表渐变色的终点。在渐变色条的下方双击，即可添加色标，按住色标向下拖动，即可删除色标。

03 用户可以自定义渐变色。选择渐变色条中最左侧的色标，双击即可打开"拾色器(色标颜色)"对话框，设置颜色为蓝色(R27,G96,B193)，如图5-64所示。

04 单击"确定"按钮，然后分别选择中间三个色标，单击"渐变编辑器"对话框右下方的"删除"按钮，即可将它们删除，如图5-65所示。

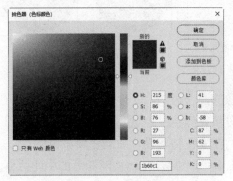
图 5-64 设置颜色

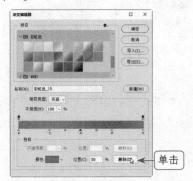
图 5-65 删除色标

05 在渐变色条的下方单击，即可添加一个色标，将这个色标的颜色设置为深蓝色(R33,G51,B107)，然后在"位置"文本框中输入67，即可将这个新的色标添加到渐变色条中对应的位置，如图5-66所示。

06 单击"确定"按钮，回到画面中，使用椭圆选框工具在图像中绘制一个圆形选区。

07 选择渐变工具，在属性栏中单击"径向渐变"按钮■，然后按住鼠标左键从选区左上方向右下角拖动，如图5-67所示，得到的填充效果如图5-68所示。

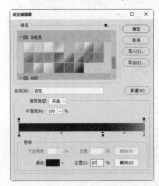
图 5-66 添加色标

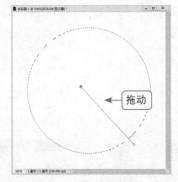
图 5-67 填充渐变色

图 5-68 填充效果

5.3.2 杂色渐变

在"渐变编辑器"对话框中还可以设置杂色渐变，杂色渐变包含了在指定范围内随机

分布的颜色。单击"渐变类型"右侧的三角形按钮，在下拉
列表中选择"杂色"选项，如图5-69所示。

图5-69 选择"杂色"选项

图5-69中各个选项的作用分别如下。

○ "粗糙度"：用于设置渐变色的粗糙度，数值越
高，颜色的层次变化越丰富，但颜色间的过渡越
粗糙。

○ "颜色模型"：在其下拉列表中可以选择所需的颜色模型，比如RGB、HSB和
LAB，拖动下方的滑块可以设置所需的渐变色，如图5-70～图5-72所示。

图 5-70 RGB 颜色模型

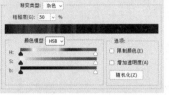

图 5-71 HSB 颜色模型

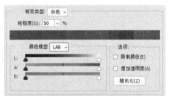

图 5-72 LAB 颜色模型

○ "限制颜色"：选中此复选框后，即可将颜色限制在可打印的范围内。
○ "增加透明度"：选中此复选框后，即可在渐变中添加透明像素。
○ "随机化"：单击该按钮，系统将随机生成新的渐变色。

5.3.3 课堂案例——制作水晶世界

下面将制作一个水晶球，主要练习对图像进行渐变
色填充和透明填充，案例效果如图5-73所示。

案例分析

在使用渐变工具的操作过程中，通过对颜色和渐变
方式进行调整，可以制作出具有立体感的圆球图像，再通
过设置色标、不透明度等操作，得到立体且透明的圆球效
果。对于投影的制作，使用橡皮擦工具适当擦除图像，可
以得到具有通透感的透明图像，让效果更加真实。

图 5-73 案例效果

操作步骤

01 打开"素材\第5章\草地.psd"素材图像，选择工
具箱中的椭圆选框工具，按住Shift键，在草地图像中绘制一个正圆形选区，如图5-74所示。

02 新建一个图层，选择渐变工具，单击属性栏左上方的渐变色条，打开"渐变编辑
器"对话框，设置渐变色为浅绿色(R108,G136,B137)、深绿色(R34,G87,B77)、白色，如
图5-75所示。

03 单击白色上方的色标，在"不透明度"数值框中设置参数为50%，如图5-76所示。

04 单击"确定"按钮，返回到画面中。单击属性栏中的"径向渐变"按钮，在正
圆形选区的中心拖动鼠标，应用渐变填充，如图5-77所示。

图5-74 绘制一个正圆形选区

图5-75 设置渐变色

图5-76 设置渐变的不透明度

图5-77 渐变填充正圆形选区

[05] 按Ctrl+D组合键取消选区，得到渐变填充效果，中间部分为白色透明效果，如图5-78所示。

[06] 按Ctrl+J组合键复制一次图层1，选择"编辑"|"自由变换"命令，按住Ctrl键，将图像向下拖动并调整为图5-79所示的形状，然后按Enter键确定。

图5-78 渐变填充效果

图5-79 变换图像

[07] 选择橡皮擦工具，在属性栏中设置"不透明度"为50%，对变换后的图像进行适当的擦除，得到投影效果，如图5-80所示。

[08] 打开"素材\第5章\大树.psd"和"小草坪.psd"素材图像，使用移动工具分别将它

们拖动到当前编辑的图像中，放到水晶球中，如图5-81所示。

图 5-80　制作投影图像

图 5-81　添加素材图像

09　选择钢笔工具，在水晶球的底部绘制一个半圆弧图形，如图5-82所示。按
Ctrl+Enter组合键将路径转换为选区，如图5-83所示。

图 5-82　绘制一个半圆弧图形

图 5-83　将路径转换为选区

10　选择渐变工具，单击属性栏左侧的渐变色条，打开"渐变编辑器"对话框。设置
渐变色从绿色(R21,G71,B69)到透明，并调整不透明度色标的位置，如图5-84所示。

11　单击"确定"按钮，返回到画面中。在属性栏中单击"线性渐变"按钮，从选区
的左下方向右上方拖动鼠标，得到半透明渐变填充效果，如图5-85所示。

图 5-84　设置渐变色

图 5-85　半透明渐变填充效果

12　打开"素材\第5章\黄色蝴蝶.psd"素材图像，使用移动工具将其拖动到当前编辑
的图像中，放到水晶球的右上方，最终效果如图5-86所示。

图 5-86　最终效果

5.4　思考与练习

1. RGB颜色模式中的R、G、B分别代表_____。

    A. 红色、绿色、黄色　　　　　　　　B. 红色、绿色、蓝色

    C. 紫色、绿色、黄色　　　　　　　　D. 青色、绿色、黄色

2. CMYK颜色模式中的C、M、Y、K分别代表_____。

    A. 红色、绿色、黄色、黑色　　　　　B. 品红色、绿色、蓝色、青色

    C. 紫色、绿色、黄色、黑色　　　　　D. 青色、品红色、黄色、黑色

3. HSB颜色模式中的H、S、B分别代表_____。

    A. 红色、绿色、蓝色　　　　　　　　B. 色调、饱和度、蓝色

    C. 绿色、黄色、黑色　　　　　　　　D. 色调、饱和度、亮度

4. 油漆桶工具用于为图像填充_____。

    A. 前景色　　　　　　　　　　　　　B. 图案

    C. 前景色或背景色　　　　　　　　　D. 前景色或图案

5. 吸管工具的作用是什么？

6. 如何在"色板"面板中保存颜色？

7. 如何对图像选区进行描边？

8. "拾色器"对话框中包括哪几种用于设置颜色的色彩模式？

9. 在Photoshop中，有哪几种渐变类型？

第6章

调整色彩与色调

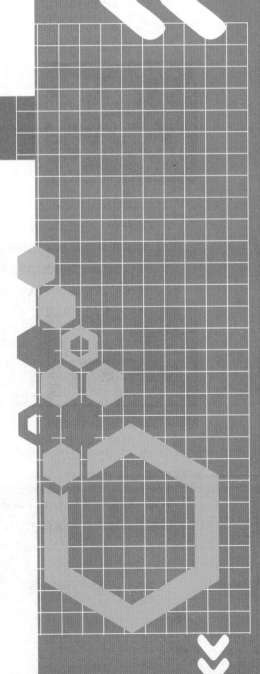

在Photoshop中，使用"调整"子菜单中的各种颜色调整命令，可以对图像进行偏色矫正、反相处理、明暗度调整等操作。用户可以通过对图像色彩与色调的调整，制作出色彩靓丽迷人的图像效果，也可以丰富图像的表达意境，使图像更具感染力。

6.1 "信息"面板

使用"信息"面板可以快速、准确地查看各种图像信息。当没有任何操作时，"信息"面板会显示光标所在位置的颜色值、文档信息等。如果执行了某项操作，如创建选区、调整颜色等，则会显示与当前操作相关的内容。

选择"窗口"|"信息"命令，打开"信息"面板，默认情况下会显示以下信息。

○ 颜色信息：将光标放到图像中，"信息"面板中将会显示精确的坐标和颜色信息，如图6-1所示。

○ 选区大小信息：使用选框工具在图像中创建选区时，"信息"面板中会随着光标的拖动显示选框的宽度和高度信息，如图6-2所示。

图6-1 颜色信息

图6-2 选区大小信息

○ 定界框大小信息：使用裁剪工具或缩放工具时，"信息"面板中会显示定界框的宽度和高度信息，如图6-3所示。

○ 变换信息：当图像中有变换操作时，"信息"面板中会显示宽度和高度的百分比变化以及旋转角度(A)和水平切线(H)或垂直切线(V)的角度，如图6-4所示。

图6-3 定界框大小信息

图6-4 变换信息

❖ 注意：

单击"信息"面板右上方的▤按钮，从弹出的菜单中选择"面板选项"命令，即可打开"信息面板选项"对话框，在其中可以设置更多的颜色信息和状态信息。

6.2　"直方图"面板

"直方图"能够以图形的方式显示图像像素在各个色调区域的分布情况。通过观察直方图，可以判断出图像阴影、中间调和高光中包含的细节情况，以便更好地进行校正。

打开一张图像，如图6-5所示。选择"窗口"|"直方图"命令，即可打开"直方图"面板，如图6-6所示。

图 6-5　打开一张图像

图 6-6　"直方图"面板

6.2.1　直方图的显示方式

在"直方图"面板中可以切换直方图的显示方式，单击"直方图"面板右上方的▇按钮，将弹出如图6-7所示的命令菜单。

"紧凑视图"是默认的显示方式，显示的是不带统计数据或控件的直方图；"扩展视图"显示的是带有统计数据和控件的直方图，如图6-8所示；"全部通道视图"显示的是带有统计数据和控件的直方图，同时还将显示每个通道的直方图，如图6-9所示。

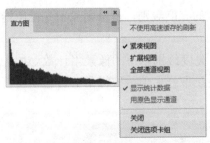

图 6-7　命令菜单

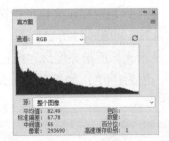

图 6-8　扩展视图

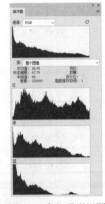

图 6-9　全部通道视图

6.2.2　直方图的数据

当"直方图"面板设置为"扩展视图"或"全部通道视图"时，"直方图"面板中将显示统计数据。在直方图中拖动光标，可以显示所选范围内的数据信息，如图6-10所示。

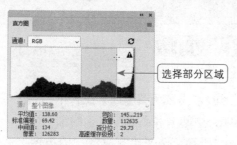

图 6-10　选择直方图的部分区域

- "通道"：在其下拉列表中可以选择用于显示亮度分布的通道，"明度"表示复合通道的亮度，"红""绿""蓝"则表示单个通道的亮度。如果选择"颜色"选项，则在直方图中以不同颜色显示亮度分布，如图6-11所示。

- "平均值"：显示图像像素的平均亮度值，通过观察平均值可以判断出图像的色调类型。比如，如果直方图中的山峰位置偏右，则说明图像色调整体偏亮，如图6-12所示。

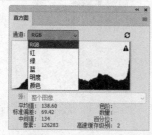

图 6-11　选择通道

图 6-12　观察平均值

- "标准偏差"：显示图像像素亮度值的变化范围。标准偏差越高，图像的亮度变化越大。

- "中间值"：显示图像像素亮度值变化范围内的中间值。图像的色调越亮，中间值越高。

- "像素"：显示用于计算直方图的像素总数。

- "色阶"/"数量"：色阶显示光标所指区域的亮度级别，数量则显示光标所指亮度级别的像素总数，如图6-13所示。

- "百分位"：显示光标所指亮度级别或这一亮度级别以下的像素累计数。如果对全部色阶取样，值为100%；如果只对部分色阶取样，值为取样部分占总量的百分比，如图6-14所示。

图 6-13　观察"色阶"和"数量"

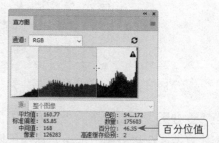

图 6-14　部分取样

6.3　色域和溢色

在Photoshop中调整图像的颜色之前，首先需要了解色彩的一些基础知识。下面就来介绍什么是色域和溢色。

6.3.1　色域

色域又称色彩范围，由自然界中可见光谱的颜色组成，其中包含人眼所能看到的所有颜色。根据人眼的视觉特性，可将光线波长转换为亮度和色相，创建一套描述色域的色彩数据。在这套数据中，色彩范围最广的是Lab模式，其次是RGB模式(屏幕模式)，色彩范围最窄的则是用于打印或印刷的CMYK模式。

> ❖ **注意：**
>
> 为什么不在拾色器中直接过滤掉超出色域的颜色呢？这是因为很多颜色虽然不能被打印或印刷出来，但是它们在计算机显示器以及手机或电视屏幕上是能够显示的。

6.3.2　溢色

RGB模式为屏幕模式，由此可以判断，显示器的色域(RGB模式)比打印机的色域(CMYK模式)广，所以在显示器上能显示的部分颜色不能通过打印机打印出来，这部分颜色就被称为溢色。

当用户在"拾色器"对话框或"颜色"面板中设置一种颜色后，"拾色器"对话框中将会出现黑色三角形警告符号⚠，如图6-15所示。这是为了提醒用户这种颜色已超出色域，这样的颜色是不能被打印或印刷出来的。单击黑色三角形警告符号下方的小色块，Photoshop将自动提供与当前颜色最为接近的可用于打印的颜色，如图6-16所示。

图6-15　"拾色器"对话框

图6-16　单击小色块

> ❖ **注意：**
>
> 当制作需要打印或印刷的图像时，最好选择CMYK模式。

6.3.3　溢色警告

打开一幅图像后，如何才能知道哪些颜色属于印刷范围内呢？这就需要打开溢色警告。打开需要编辑的图像文件，如图6-17所示。选择"视图"|"色域警告"命令，画面中的溢色区域将以灰色显示，如图6-18所示。

图 6-17　原图　　　　　　　　　　　　　　　　　　图 6-18　溢色区域

6.3.4　模拟印刷

用于印刷的图像作品，在输出前，可以在Photoshop中校对一下颜色。首先选择"视图"|"校样设置"|"工作中的CMYK"命令，然后选择"视图"|"校样颜色"命令，启动电子校样功能，在显示器上模拟图像的印刷效果，确保图像能以正确的色彩进行输出。

> ❖ **注意：**
>
> "校样颜色"命令只是提供CMYK模式的图像预览效果，从而便于用户查看图像色彩的实际印刷情况，而不是真的将图像转换为CMYK模式。

6.4　快速调整图像色彩

在Photoshop中，通过执行一些命令可以快速调整图像的整体色彩，比如"自动色调""自动对比度""自动颜色""照片滤镜""去色""反相""色调均化"等命令。

6.4.1　自动色调/自动对比度/自动颜色

当图像中存在一些细微的色差时，可以使用Photoshop中的色调自动调整命令，比如"自动色调""自动对比度""自动颜色"命令。

1. 自动色调

"自动色调"命令用于将每个颜色通道中最亮和最暗的像素定义为黑色和白色，然后按比例重新分布中间像素值。默认情况下，该命令会剪切白色和黑色像素的0.5%，从而忽略一些极端的像素。

打开一张需要调整的照片，如图6-19所示，这张风景照层次不清，且颜色偏暗。选择"图像"|"自动色调"命令，系统将自动调整图像的明暗度，去除图像中不正常的高亮区和黑暗区，如图6-20所示。

图 6-19　原图　　　　　　　　　　图 6-20　自动色调效果

2. 自动对比度

"自动对比度"命令不仅能自动调整图像色彩的对比度，还能调整图像的明暗度。该命令通过剪切图像中的阴影和高光值，并将图像剩余部分的最亮和最暗像素分别映射到色阶为 255(纯白)和0(纯黑)的程度，让图像中的高光看上去更亮、阴影看上去更暗。比如，对图6-19所示的图像使用"自动对比度"命令，即可得到如图6-21所示的效果。

3. 自动颜色

"自动颜色"命令则通过搜索图像来调整图像的对比度和颜色。与"自动色调"和"自动对比度"命令一样，使用"自动颜色"命令后，系统会自动调整图像颜色。比如，对图6-19所示的图像使用"自动颜色"命令，即可得到如图6-22所示的效果。

图 6-21　自动对比度效果　　　　　　图 6-22　自动颜色效果

6.4.2　照片滤镜

使用"照片滤镜"命令可以把带颜色的滤镜放在照相机镜头的前方以调整图像的颜

色，你也可以通过选择色彩预置来调整图像的色相。

打开需要调整颜色的素材图像，如图6-23所示。选择"图像"|"调整"|"照片滤镜"命令，打开"照片滤镜"对话框，如图6-24所示。

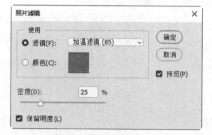

图 6-23　素材图像　　　　　　　　　　图 6-24　"照片滤镜"对话框

"照片滤镜"对话框中各个选项的作用分别如下。

○ "滤镜"：选中该单选按钮后，在其右侧的下拉列表中可以选择把预设的滤镜效果应用到图像中，比如选择"青"色并调整"密度"参数，图像效果如图6-25所示。

○ "颜色"：选中该单选按钮后，单击右侧的色块，在打开的"拾色器"对话框中可以设置过滤颜色，图像效果如图6-26所示。

○ "密度"：拖动下方的滑块可以控制着色的强度，数值越大，滤色效果越明显。

○ "保留明度"：选中该复选框后，可以保留图像的明度不变。

图 6-25　选择预设的滤镜效果　　　　　　图 6-26　自定义过滤颜色

6.4.3　去色

使用"去色"命令可以去掉图像的颜色，只显示具有明暗度的灰度颜色。选择"图像"|"调整"|"去色"命令，即可将图像中所有颜色的饱和度设置为0，从而将图像变为彩色模式下的灰度图像。

❖ **注意**：

使用"去色"命令后可以将原有图像的色彩信息去掉，但是，去色操作并不是将颜色模式转为灰度模式。

6.4.4 反相

使用"反相"命令可以把图像的色彩反相,常用于制作胶片效果。选择"图像" | "调整" | "反相"命令后,既可以把图像的色彩反相,从而转换为负片,也可以将负片还原为图像。当再次使用"反相"命令时,图像会被还原。

【练习6-1】制作负片图像效果

01 打开"素材\第6章\鱼.jpg"素材图像,如图6-27所示。

02 选择"图像" | "调整" | "反相"命令,得到彩色负片效果,如图6-28所示。

03 选择"图像" | "调整" | "去色"命令,得到黑白负片效果,如图6-29所示。

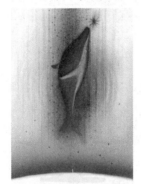

图 6-27 素材图像　　　　图 6-28 彩色负片效果　　　　图 6-29 黑白负片效果

6.4.5 色调均化

"色调均化"命令用来对图像中像素的亮度进行重新分布,以便更均匀地呈现所有范围的亮度。选择"色调均化"命令后,图像中最亮的部分将呈现为白色,最暗的部分将呈现为黑色,介于最亮和最暗之间的部分则均匀地分布在整个图像的灰度色调中。 例如,选择"图像" | "调整" | "色调均化"命令,可以将如图6-30所示的原始图像转换为如图6-31所示的效果。

图 6-30 原始图像　　　　　　　图 6-31 色调均化后的效果

❖ **注意:**

使用"色调均化"命令时,如果图像中有选区存在,将会弹出"色调均化"对话框,在其中可以选择是仅仅将该操作用于选区内的图像还是用于整个图像。

6.5 调整图像的明暗度

图像在处理过程中经常需要进行明暗度的调整，通过对图像的明暗度进行调整，可以提高图像的清晰度，使图像看上去更加生动。

6.5.1 亮度/对比度

使用"亮度/对比度"命令可以从整体上调整图像的亮度/对比度，从而实现对图像色调的调整。作为常用的色调调整命令，"亮度/对比度"命令能够快速地校正图像中的灰度问题。

【练习6-2】校正灰度图像

01 打开"素材\第6章\草地里的男孩.jpg"素材图像，如图6-32所示。

02 选择"图像"|"调整"|"亮度/对比度"命令，打开"亮度/对比度"对话框，设置"亮度"为45、"对比度"为15，如图6-33所示。单击"确定"按钮，得到如图6-34所示的效果。

图 6-32 素材图像　　　　　图 6-33 设置亮度和对比度　　　　　图 6-34 调整后的图像效果

6.5.2 色阶

使用"色阶"命令不仅可以调整图像中颜色的明暗对比度，还能对图像中的阴影、中间调和高光强度进行精细调整。也就是说，"色阶"命令不仅可以调整色调，还可以调整色彩。

【练习6-3】打造清新明快色调

01 打开"素材\第6章\兔子.jpg"素材图像，可以看到图像整体偏暗，并且缺少层次感，如图6-35所示。

02 选择"图像"|"调整"|"色阶"命令，打开"色阶"对话框。在"输入色阶"区域，将中间的三角形滑块向左拖动，增强中间调的亮度，如图6-36所示。

图 6-35 素材图像

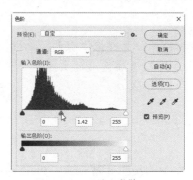

图 6-36 调整输入色阶 (一)

"色阶"对话框中各个选项的作用分别如下。

○ "通道"：用于设置要调整的颜色通道，比如图像的色彩模式和原色通道。

○ "输入色阶"：在该选项区域中，下方的三个文本框从左至右分别用于设置图像的暗部色调、中间色调和亮部色调，既可以直接输入相应的数值，也可以拖动上方直方图底部的三个滑块来进行调整。

○ "输出色阶"：用于调整图像的亮度和对比度，范围为0～255。

○ "自动"：单击该按钮可自动调整图像的整体色调。

03 选择"输入色阶"选项区域右侧的三角形滑块，向左拖动即可增加图像的亮度和对比度，如图6-37所示，调整色阶后的图像效果如图6-38所示。

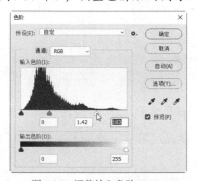

图 6-37 调整输入色阶 (二)

图 6-38 图像效果 (一)

04 选择"输入色阶"选项区域左侧的三角形滑块，向右拖动即可调整图像的暗部色调，如图6-39所示。单击"确定"按钮，完成对图像色阶的调整，效果如图6-40所示。

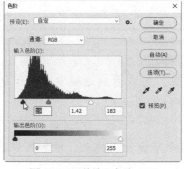

图 6-39 调整输入色阶 (三)

图 6-40 图像效果 (二)

❖ 注意:

　　按Ctrl+L组合键,可以快速打开"色阶"对话框。在"色阶"对话框中,在"输入色阶"或"输出色阶"选项区域的文本框中直接输入数值,就可以精确地设置图像的色阶参数。

6.5.3　曲线

　　"曲线"命令的功能非常强大,可用来对图像的色彩、亮度和对比度进行综合调整,并且在从暗调到高光调的色调范围内,可以对多个不同的点进行调整。

　　选择"图像"|"调整"|"曲线"命令,打开"曲线"对话框,如图6-41所示。其中,曲线的水平轴代表图像原来的亮度值,即输入值;垂直轴代表调整后的亮度值,即输出值。

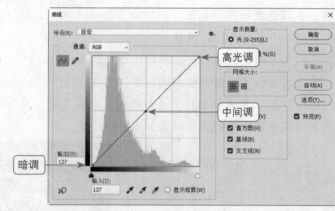

图 6-41　"曲线"对话框

　　"曲线"对话框中各个选项的作用分别如下。

- ○　"通道":用于显示当前图像的色彩模式,可从下拉列表中选取单色通道,从而对单一的色彩进行调整。
- ○　"输入":用于显示图像的亮度值,与色调曲线的水平轴相同。
- ○　"输出":用于显示图像处理后的亮度值,与色调曲线的垂直轴相同。
- ○　"编辑点以修改曲线" ~:系统默认的曲线工具,用于在图表中的各处制造节点以产生色调曲线。
- ○　"通过绘制来修改曲线" ✐:单击后,当光标变成画笔后,可徒手绘制色调曲线。

【练习6-4】使用"曲线"命令调整图像的明暗度

　　01 打开"素材\第6章\夕阳.jpg"素材图像,可以看到这幅夕阳图像的色调整体偏暗,如图6-42所示。下面我们将调整出阳光明媚的图像效果。

　　02 选择"图像"|"调整"|"曲线"命令,打开"曲线"对话框。在曲线上方的"高光调"处单击,创建一个节点,按住鼠标将这个节点向上拖动,增加图像高光区域的亮度,如图6-43所示。

图 6-42　素材图像

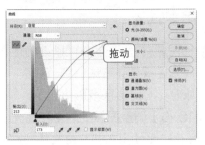

图 6-43　调整高光调

03 在曲线的"暗调"处单击，创建另一个节点，然后向上拖动这个节点，增加图像暗部区域的亮度，如图6-44所示，得到的图像效果如图6-45所示。

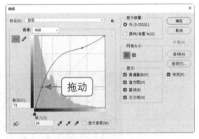

图 6-44　调整暗调

图 6-45　图像效果（一）

04 在曲线的"中间调"处单击，创建最后一个节点，适当向下拖动这个节点，平衡图像的中间区域的亮度，如图6-46所示。

05 完成曲线的调整后，单击"确定"按钮，调整后的图像效果如图6-47所示。

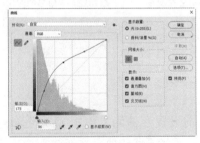

图 6-46　调整中间调

图 6-47　图像效果（二）

06 选择"图像"|"调整"|"亮度/对比度"命令，打开"亮度/对比度"对话框，设置"亮度"为54，调整图像的整体亮度，如图6-48所示。

07 单击"确定"按钮，最终得到阳光明媚的图像效果，如图6-49所示。

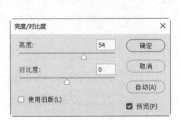

图 6-48　调整图像的整体亮度

图 6-49　图像效果（三）

6.5.4　阴影/高光

使用"阴影/高光"命令可以准确地调整图像中阴影和高光的分布，还原图像阴影区域过暗或高光区域过亮造成的细节损失。当调整阴影区域时，几乎不影响高光区域；当调整高光区域时，对阴影区域影响较小。

【练习6-5】调整图像的阴影和高光

01 打开"素材\第6章\拥抱生活.jpg"素材图像，如图6-50所示。下面调整这幅图像中的阴影和高光部分。

02 选择"图像"|"调整"|"阴影/高光"命令，打开"阴影/高光"对话框，选中"显示更多选项"复选框，然后分别调整图像的阴影、高光等参数，如图6-51所示.

03 单击"确定"按钮，调整后的图像效果如图6-52所示。

图6-50　素材图像　　　　图6-51　调整图像的阴影和高光　　　　图6-52　调整后的图像效果

"阴影/高光"对话框中各个选项的作用分别如下。

- "阴影"：用来增加或降低图像中的暗部色调。
- "高光"：用来增加或降低图像中的高光部分。
- "调整"：用来调整图像中的颜色偏差。
- "存储默认值"：单击该按钮，可将当前设置存储为"阴影/高光"命令的默认设置。要恢复默认值，可以按住Shift键，"存储默认值"按钮将变成"恢复默认值"按钮，然后单击即可。

6.5.5　曝光度

"曝光度"命令可以通过调整曝光度、位移、灰度系数校正来调整照片的对比反差，经常用于处理数码照片中常见的曝光不足或曝光过度等问题。

选择"图像"|"调整"|"曝光度"命令，打开"曝光度"对话框，如图6-53所示。

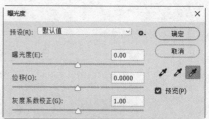

图6-53　"曝光度"对话框

"曝光度"对话框中各个选项的作用分别如下。

○ "预设"：可使用Photoshop默认的几种设置进行简单的图像调整。

○ "曝光度"：用于调整色调范围的高光端，对极限阴影的影响十分轻微。向左拖动滑块，可以降低图像曝光效果，如图6-54所示；向右拖动滑块，可以增强图像曝光效果，如图6-55所示。

图 6-54 降低曝光度

图 6-55 增强曝光度

○ "位移"：可以使阴影和中间调变暗，对高光的影响十分轻微。

○ "灰度系数校正"：可以使用简单的乘方函数调整图像的灰度系数。处于负值时可视为它们的相应正值，也就是说，虽然这些值为负，但仍然会像正值一样进行调整。

6.6 校正图像色彩

对于图形设计者而言，校正图像的色彩非常重要。在Photoshop中，图形设计者不仅可以使用"调整"菜单对图像的色调进行调整，还可以对图像的色彩进行有效的校正。

6.6.1 自然饱和度

使用"自然饱和度"命令可以在增加图像饱和度的同时有效防止颜色饱和过度，当图像颜色接近最大饱和度时最大限度地减少颜色的流失。

【练习6-6】调整图像的饱和度

01 打开"素材\第6章\山楂.jpg"素材图像，如图6-56所示。

02 选择"图像"|"调整"|"自然饱和度"命令，打开"自然饱和度"对话框，分别将"自然饱和度"和"饱和度"下方的三角形滑块向右拖动，增加图像的饱和度，如图6-57所示。

03 单击"确定"按钮，得到如图6-58所示的效果。

图 6-56　要调整的图像

图 6-57　调整图像饱和度

图 6-58　调整后的效果

6.6.2　色相/饱和度

使用"色相/饱和度"命令可以调整图像中单个颜色成分的色相、饱和度和亮度，从而实现图像色彩的改变。你还可以通过为像素指定新的色相和饱和度，给灰度图像添加颜色。

选择"图像"|"调整"|"色相/饱和度"命令，打开"色相/饱和度"对话框，如图6-59所示。

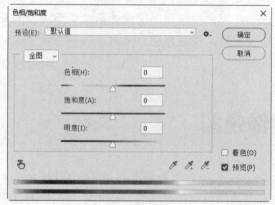
图 6-59　"色相/饱和度"对话框

"色相/饱和度"对话框中各个选项的作用分别如下。

- ○ "全图"：用于选择作用范围。如果选择"全图"选项，那么将对图像中所有颜色的像素起作用，其余选项只对某一颜色成分的像素起作用。
- ○ "色相"/"饱和度"/"明度"：用于调整所选颜色的色相、饱和度或亮度。
- ○ "着色"：选中该复选框后，可以将图像调整为灰色或单色效果。

【练习6-7】调整图像的色相和饱和度

01 打开"素材\第6章\马卡龙.jpg"素材图像，如图6-60所示。下面调整图像中蛋糕的颜色。

02 选择"图像"|"调整"|"色相/饱和度"命令，打开"色相/饱和度"对话框。在"全图"下拉列表中选择"洋红"，调整"色相"为50、"饱和度"为32，于是图像中间的两个蛋糕从紫色变为洋红，如图6-61所示。

图 6-60　素材图像

图 6-61　调整洋红色调

03 选择"黄色"进行调整，设置"色相"为41、"饱和度"为39，将图像左上方的树叶调整为翠绿色，效果如图6-62所示。

04 选择"红色"进行调整，设置"色相"为35、"饱和度"为38，将最左侧的两个蛋糕调整为黄色，让整个画面颜色看起来更加丰富，效果如图6-63所示，单击"确定"按钮完成颜色的调整。

图 6-62　调整黄色色调

图 6-63　调整红色色调

❖ **注意：**

在"色相/饱和度"对话框中选中"着色"复选框，可以对图像进行单色调整，但"全图"下拉列表将不可用。

6.6.3　色彩平衡

"色彩平衡"命令主要借助颜色中的补色原理，在补色之间进行相应的增加或减少，从而使图像在整体上达到色彩平衡。选择"图像"|"调整"|"色彩平衡"命令，打开"色彩平衡"对话框，如图6-64所示。

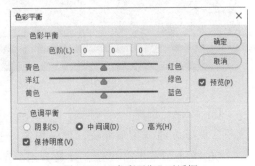

图 6-64　"色彩平衡"对话框

"色彩平衡"对话框中各个选项的作用分别如下。

- ○ "色彩平衡"：用于在"阴影""中间调"或"高光"中添加过渡色以平衡色彩效果，也可直接在下方的"色阶"文本框中输入相应的值来使颜色均衡。

- ○ "色调平衡"：用于选择需要着重进行调整的色彩范围。

- ○ "保持明度"：选中该复选框后，在调整图像色彩时可以使图像亮度保持不变。

【练习6-8】使用"色彩平衡"命令处理偏色的图像

[01] 打开"素材\第6章\秋季.jpg"素材图像，如图6-65所示。这张照片的色调整体偏绿，画面感觉很冷。下面我们为这幅图像校正颜色，将色调处理为暖色调。

[02] 选择"图像"|"调整"|"色彩平衡"命令，打开"色彩平衡"对话框。选中"中间调"，分别拖动三角形滑块，为图像添加红色、洋红和黄色，同时降低青色、绿色和蓝色，如图6-66所示。

图 6-65　素材图像　　　　　　　　　　　　图 6-66　调整中间调

[03] 选中"阴影"，分别拖动三角形滑块，为阴影部分添加红色和黄色，如图6-67所示。

[04] 选中"高光"，为高光部分添加洋红和黄色，按Enter键确定，使画面整体看起来更协调，如图6-68所示。

图 6-67　调整阴影　　　　　　　　　　　　图 6-68　调整高光

[05] 选择"图像"|"调整"|"色阶"命令，打开"色阶"对话框。调整"输入色阶"选项区域下方的三角形滑块，增强图像的整体亮度和对比度，如图6-69所示。

[06] 单击"确定"按钮，效果如图6-70所示，完成图像的处理。

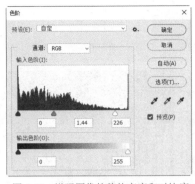

图 6-69　增强图像的整体亮度和对比度

图 6-70　图像效果

6.6.4　匹配颜色

使用"匹配颜色"命令可以混合目标图像的颜色与原始图像的颜色，达到改变当前图像色彩的目的。另外，Photoshop 2020还允许用户通过更改图像的亮度、色彩范围以及中和色痕来调整图像的颜色。原始图像和目标图像可以是两幅独立的图像，但是你也可以对同一图像中不同图层之间的颜色进行匹配。

【练习6-9】打造金碧辉煌的殿堂

[01] 打开"素材\第6章\殿堂.jpg"和"光斑.jpg"素材图像，它们将作为需要混合图像颜色的原始图像，如图6-71和图6-72所示。

图 6-71　殿堂图像

图 6-72　光斑图像

[02] 选择殿堂图像作为当前图像。选择"图像"|"调整"|"匹配颜色"命令，打开"匹配颜色"对话框。在"图像统计"选项区域，从"源"下拉列表中选择"光斑.jpg"素材图像。调整殿堂图像的明亮度、颜色强度和渐隐参数，如图6-73所示。

[03] 完成参数的设置后，单击"确定"按钮，得到金碧辉煌的殿堂图像效果，如图6-74所示。

在"匹配颜色"对话框中，主要选项的作用分别如下。

○　"目标图像"：用于显示当前图像文件的名称。

○　"图像选项"：用于调整匹配颜色时的明亮度、颜色强度和渐隐效果。

○　"图像统计"：用于选择匹配颜色时图像的来源或所在图层。

图 6-73　调整参数

图 6-74　最终效果

❖ 注意：

使用"匹配颜色"命令时，图像的色彩模式必须是RGB模式，否则该命令将无法使用。

6.6.5　替换颜色

使用"替换颜色"命令可以调整图像中选取的特定颜色区域的色相、饱和度和亮度值，将指定的颜色替换掉。

【练习6-10】替换鹦鹉羽毛颜色

01 打开"素材\第6章\鹦鹉.jpg"素材图像，如图6-75所示。

02 选择"图像"|"调整"|"替换颜色"命令，打开"替换颜色"对话框。使用吸管工具在图像中单击鹦鹉羽毛中较亮的绿色区域，得到需要替换的颜色。然后设置"颜色容差"为100，再设置替换颜色的色相、饱和度和明度，如图6-76所示。

图 6-75　素材图像

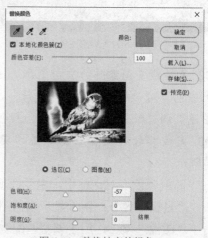

图 6-76　替换较亮的绿色

03 单击"添加到取样"按钮 ，在"替换颜色"对话框的预览图中单击较白的区域进行取样，如图6-77所示。

04 这时素材图像中的大部分颜色已经替换为红色，单击素材图像中剩余部分的羽毛，改变图像色调，单击"确定"按钮，替换颜色后的效果如图6-78所示。

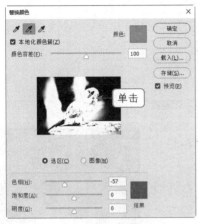

图 6-77　进行取样

图 6-78　替换颜色后的效果

6.6.6　可选颜色

使用"可选颜色"命令可以对图像中的某种颜色进行调整，修改图像中某种原色的数量而不影响其他原色。

【练习6-11】制作温馨图像

01 打开"素材\第6章\母爱.jpg"素材图像，如图6-79所示。图像中人物肌肤颜色偏绿，需要进行一定的调整。

02 选择"图像"|"调整"|"可选颜色"命令，打开"可选颜色"对话框。在"颜色"下拉列表中选择"红色"作为需要调整的颜色。首先为图像降低青色色调，并提升洋红和黄色色调，然后降低黑色色调，从而提亮人物肌肤，如图6-80所示。

图 6-79　素材图像

图 6-80　调整红色

03 在"颜色"下拉列表中选择"黄色"进行调整，为图像提升洋红和黄色色调，降低青色和黑色色调，使人物肌肤颜色得到明显的校正，如图6-81所示。

04 在"颜色"下拉列表中选择"白色"，调整下方"黑色"色调的三角形滑块，增强图像中高光部分的亮度，如图6-82所示。

图 6-81　调整黄色

图 6-82　调整白色

05 单击"确定"按钮，调整后的图像效果如图6-83所示。

06 选择"滤镜"|"渲染"|"镜头光晕"命令，打开"镜头光晕"对话框。在预览框中将光标定位到图像的右上方，在"镜头类型"选项区域选中"105毫米聚焦"单选按钮，设置"亮度"参数为156，如图6-84所示。

07 单击"确定"按钮，为图像添加阳光效果，如图6-85所示。

图 6-83　调整图像颜色后的效果

图 6-84　设置滤镜参数

图 6-85　最终效果

6.6.7　通道混合器

使用"通道混合器"命令，可以对两个通道使用加减模式进行混合，从而控制通道中颜色的含量。

打开一幅RGB模式的图像，如图6-86所示。选择"图像"|"调整"|"通道混合器"命令，打开"通道混合器"对话框，在"输出通道"下拉列表中可以选择需要调整的通道，如图6-87所示。

图 6-86　一幅 RGB 模式的图像

图 6-87　"通道混合器"对话框

在"通道混合器"对话框中，主要选项的作用分别如下。

○　"输出通道"：用于选择想要进行调整的通道。

○　"源通道"：可通过拖动滑块或输入数值来调整源通道在输出通道中占据的百分比。

○　"常数"：可通过拖动滑块或输入数值来调整通道的不透明度。

○　"单色"：用于将图像转换成只含灰度值的灰度图像。

在"通道混合器"对话框中，可通过拖动通道下方的三角形滑块来调整通道参数。例如，如果选择输出通道为"红"，拖动"蓝色"色调下方的三角形滑块，蓝色通道将会与所选的输出通道(红色通道)混合，如图6-88所示。这种混合方式可以很好地控制混合强度，滑块越靠近两端，混合强度就越高，效果如图6-89所示。

图 6-88　对通道进行混合

图 6-89　混合通道后的效果

如果只调整底部的"常数"滑块，那么可以直接输入所选输出通道的颜色值，所选输出通道不会与任何通道混合，只会让图像的高光或阴影部分变灰，如图6-90和图6-91所示。

图 6-90　调整"常数"滑块

图 6-91　将图像的高光或阴影部分变灰

6.6.8 课堂案例——调出青春色调

本案例将调整图像色调，练习多种颜色调整命令的用法，案例效果如图6-92所示。

案例分析

本案例首先使用"曲线"命令，从细节上调整图像的整体亮度和暗部色调；然后调整图像的色相和饱和度，让图像颜色更加翠绿；最后通过应用图层混合模式得到特殊色调的图像，输入文字以完善画面。

图 6-92　案例效果

操作步骤

01 选择"文件"|"打开"命令，打开"素材\第6章\树叶下的少女.jpg"素材图像，如图6-93所示。

02 选择"图像"|"调整"|"曲线"命令，打开"曲线"对话框。在曲线上添加两个节点，分别调整图像的整体亮度与暗部色调，如图6-94所示。

图 6-93　素材图像

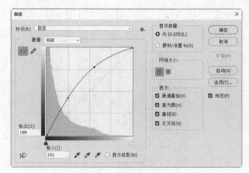

图 6-94　调整曲线

03 单击"确定"按钮，调整后的图像效果如图6-95所示。

04 选择"图像"|"调整"|"色相/饱和度"命令，打开"色相/饱和度"对话框。调整图像的"色相"和"饱和度"参数分别为6和27，如图6-96所示。

图 6-95　图像效果（一）

图 6-96　调整色相和饱和度

05 单击"确定"按钮，调整后的图像效果如图6-97所示。

06 按Ctrl+J组合键复制一次图像，得到图层1，设置图层1的混合模式为"滤色"，得到较亮的图像效果，如图6-98所示。

图 6-97　图像效果 (二)

图 6-98　较亮的图像效果

07 选择橡皮擦工具，在属性栏中设置"不透明度"为15%，适当擦除人物面部，降低面部亮度，使图像效果更加自然，如图6-99所示。

08 新建一个图层，在画面的左侧绘制一个矩形选区，如图6-100所示。

图 6-99　擦除图像

图 6-100　绘制一个矩形选区

09 选择"编辑"|"描边"命令，打开"描边"对话框。设置描边的"宽度"为15像素、"颜色"为白色、"不透明度"为40%，其他设置如图6-101所示。

10 单击"确定"按钮，得到透明的描边效果，如图6-102所示。

11 选择横排文字工具，在矩形选区内输入中文和英文，在属性栏中设置字体为不同粗细的黑体，填充为白色，如图6-103所示。

图 6-101　设置描边

图 6-102　描边效果

图 6-103　输入文字

6.7 调整图像的特殊颜色

图像颜色的调整具有多样性，除了可以调整一些简单的颜色之外，还可以调整图像的特殊颜色。例如，使用"渐变映射""色调分离""黑白""阈值"等命令可以使图像产生特殊效果。

6.7.1 渐变映射

使用"渐变映射"命令可以改变图像的色彩。可以首先将图像转换为灰度图像，然后使用渐变对图像的颜色进行调整。

【练习6-12】使用"渐变映射"命令制作怀旧色调

01 打开"素材\第6章\小女孩.jpg"素材图像，如图6-104所示。选择"图像"|"调整"|"渐变映射"命令，打开"渐变映射"对话框，如图6-105所示。

图 6-104 素材图像

图 6-105 "渐变映射"对话框

在"渐变映射"对话框中，主要选项的作用分别如下。

○ "灰度映射所用的渐变"：单击下方的渐变色条，可以打开"渐变编辑器"对话框，进而编辑所需的渐变色。

○ "仿色"：选中该复选框后，可以随机添加杂色来平滑渐变填充的外观，使渐变效果更加平滑。

○ "反向"：选中该复选框后，图像将实现反转渐变。

02 单击"渐变映射"对话框中的渐变色条，打开"渐变编辑器"对话框，设置颜色从土黄色(R57,G30,B23)到淡黄色(R255,G208,B152)渐变，如图6-106所示。

03 单击"确定"按钮，回到"渐变映射"对话框，单击对话框中的"确定"按钮，得到的图像效果如图6-107所示。

图 6-106　设置渐变

图 6-107　图像效果

6.7.2　色调分离

使用"色调分离"命令，可以指定图像中每个通道的色阶数目，然后将像素映射为最接近的匹配级别。

打开一幅素材图像，如图6-108所示。选择"图像"|"调整"|"色调分离"命令，打开"色调分离"对话框，其中"色阶"选项用于设置图像色调的变化程度，数值越大，图像色调变化越大，分离效果越明显，如图6-109所示。

图 6-108　原始图像

图 6-109　色调分离效果

6.7.3　黑白

使用"黑白"命令可以轻松地将彩色图像转换为黑白图像，然后精细地调整图像的每一种色调和浓淡。此外，使用"黑白"命令还可以将黑白图像转换为带有颜色的单色图像。

【练习6-13】制作单色图像

01 打开"素材\第6章\草屋.jpg"素材图像，由于这幅图像中的黄色较多，因此这里主要调整黄色，如图6-110所示。

02 选择"图像"|"调整"|"黑白"命令，打开"黑白"对话框，如图6-111所示。拖动"黄色"下方的三角形滑块，增强图像中的黄色效果，其他参数保持默认设置。

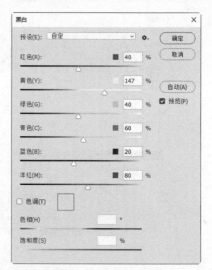

图 6-110　素材图像　　　　　　　　　　图 6-111　"黑白"对话框

⓪③ 设置好参数后按Enter键确定，调整后的图像效果如图6-112所示。

⓪④ 如果选中"色调"复选框，那么可以拖动"色相"和"饱和度"下方的三角形滑块，得到单色调的图像效果，如图6-113所示。

图 6-112　得到的黑白图像　　　　　　　图 6-113　单色调的图像效果

◈ **注意:**

　　使用"去色"命令只能简单地去掉所有颜色，将图像转为灰色调，并且会丢失很多细节；而使用"黑白"命令则可以通过参数的设置，调整每种颜色在黑白图像中的亮度，使用"黑白"命令可以制作出高质量的黑白照片。

6.7.4　阈值

　　使用"阈值"命令可以将彩色或灰度图像变成只有黑白两种色调的黑白图像，这种效果适合用来制作版画。

　　打开一幅需要调整的图像，如图6-114所示。选择"图像"|"调整"|"阈值"命令，在打开的"阈值"对话框中拖动底部的三角形滑块以设置阈值参数，设置完之后单击"确定"按钮，效果如图6-115所示。

图 6-114 素材图像

图 6-115 只有黑白两种色调的黑白图像

6.8 思考与练习

1. 当制作需要打印或印刷的图像时，最好选择_____模式。

  A. RGB   B. CMYK   C. Lab   D. HSB

2. 使用"_____"命令可以将每个颜色通道中最亮和最暗的像素定义为黑色和白色，然后按比例重新分布中间像素值。

  A. 照片滤镜 B. 自动色调 C. 色调均化 D. 去色

3. 使用"_____"命令可以对图像的色彩、亮度和对比度进行综合调整，并且在从暗调到高光调的色调范围内，让你能够对多个不同的点进行调整。

  A. 亮度/对比度 B. 色阶   C. 曲线   D. 阴影/高光

4. 使用"_____"命令可以调整图像中单个颜色成分的色相、饱和度和亮度，从而实现图像色彩的改变。

  A. 自然饱和度   B. 色相和饱和度

  C. 色彩平衡   D. 可选颜色

5. 使用"_____"命令可以将彩色或灰度图像变成只有黑白两种色调的黑白图像。

  A. 渐变映射   B. 色相和饱和度

  C. 色调分离   D. 阈值

6. 什么是溢色？

7. "照片滤镜"命令的作用是什么？

8. "匹配颜色"命令的作用是什么？

第7章

创建与编辑选区

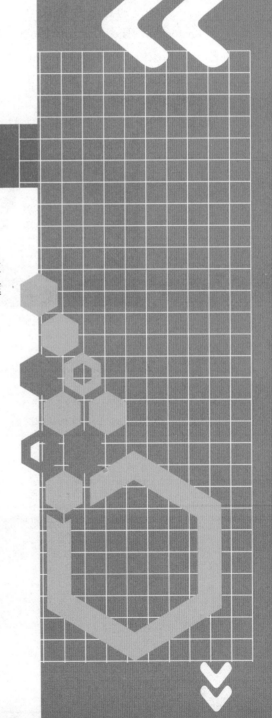

选区是Photoshop中十分重要的功能之一。在Photoshop中创建选区的方法有很多，可以通过规则选框工具、套索工具、魔棒工具、快速选择工具创建选区，也可以通过"色彩范围"命令创建选区。

7.1 认识选区

在Photoshop中，大多数操作都不是针对整个图像的，因此需要建立选区来指定想要操作的区域。

7.1.1 选区的作用

选区是通过各种选区绘制工具在图像中提取的全部或部分图像区域，选区在Photoshop图像中以流动的蚂蚁爬行状显示，如图7-1所示。

在图像中建立选区后，处理范围将只限于选区内的图像。因此，选区在图像处理过程中起着保护选区外图像的作用，约束各种操作只对选区内的图像有效，防止选区外的图像受到影响。例如，使用画笔工具对图7-1所示的图像进行涂抹时，作用范围将只限于圆形选区内的图像，效果如图7-2所示。

图 7-1　选区的显示状态　　　　　　图 7-2　在选区内涂抹颜色

7.1.2 选区的基本操作

在学习选区工具和命令的运用之前，我们首先学习一下选区的基本操作，以便在创建选区后能更好地进行各种编辑操作。

1. 全选与反选

在一幅图像中，用户可通过简单的操作方法对图像进行全选，也可在获取选区后，对图像进行反选。

○ 选择"选择"|"全部"命令或按Ctrl＋A组合键，即可全选图像。
○ 选择"选择"|"反向"命令或按Ctrl+Shift+I组合键，即可反向图像。

2. 取消与重新选择

创建选区以后，选择"选择"|"取消选择"命令或按Ctrl+D组合键，可以取消选区。要恢复取消的选区，可以选择"选择"|"重新选择"命令。

3. 移动选区

使用选框工具可以直接移动选区，也可以使用移动工具 ⊕ 在移动选区的同时移动选区内的图像。

【练习7-1】移动选区和选区内的图像

01 打开"素材\第7章\蘑菇.jpg"素材图像，选择磁性套索工具，沿着右下方蘑菇图像的边缘绘制选区，如图7-3所示。

02 将光标放到选区内，当光标变成 ▷ 形状时，按住鼠标左键进行拖动，即可移动选区，如图7-4所示。

图7-3 绘制选区　　　　　　　　　　　　　　图7-4 移动选区

03 按Ctrl+Z组合键后退一步操作，直接使用移动工具 ⊕ 移动选区内的图像，选区原来的位置将以背景色填充，效果如图7-5所示。

04 按Ctrl+Z组合键后退一步操作。选择移动工具 ⊕ ，按住Alt键，可以移动并复制选区内的图像，效果如图7-6所示。

图7-5 移动选区内的图像　　　　　　　　　图7-6 移动并复制选区内的图像

4. 隐藏与显示选区

在图像中创建选区后，可以对选区进行隐藏或显示。选择"视图"|"显示"|"选区边缘"命令或按Ctrl+H组合键，即可隐藏选区。

> **❖ 注意：**
>
> 在对选区内的图像使用滤镜命令或画笔工具进行操作后，隐藏选区可以更好地观察图像边缘状态。

7.2 创建规则选区

在Photoshop中，使用选框工具绘制选区是图像处理过程中使用最频繁的操作。通过选框工具可绘制出规则的矩形或圆形选区，Photoshop中的选框工具分为矩形选框工具、椭圆选框工具、单行选框工具和单列选框工具。

7.2.1 使用矩形选框工具

使用矩形选框工具 可以绘制出矩形选区，配合属性栏中的各项设置，还可以绘制出一些特定大小的矩形选区。选择工具箱中的矩形选框工具 后，属性栏如图7-7所示。

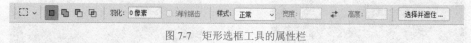

图 7-7 矩形选框工具的属性栏

图7-7中各个选项或按钮的作用分别如下。

○ 按钮：用于控制选区的创建方式。

○ "羽化"：可在右侧的文本框中输入数值以设置选区的边缘柔化效果，羽化值越大，选区的边缘越柔和。

○ "消除锯齿"：当选择椭圆选框工具时才可用，用于消除选区的锯齿边缘。

○ "样式"：在右侧的下拉列表中可以选择选区的形状。其中，"正常"选项为默认设置，可创建不同大小的选区；选择"固定比例"选项的话，创建的选区的长宽比将与设置保持一致；"固定大小"选项用于锁定选区大小。

○ "选择并遮住"：单击该按钮后，将进入相应的选区调节界面。在左侧的工具箱中，可使用选区工具对选区进行修改；在右侧的"属性"面板中，可以定义选区边缘的半径、对比度和羽化程度等，并对选区进行收缩和扩充，还可以选择多种显示模式。

【练习7-2】绘制矩形选区

01 打开"素材\第7章\卡通花朵.jpg"素材图像，在工具箱中选择矩形选框工具 ，将光标移到图像窗口的左下方，按住鼠标左键进行拖动，绘制一个矩形选区，如图7-8所示。

02 设置前景色为白色，按Alt+Delete组合键填充选区，效果如图7-9所示。

图 7-8 绘制一个矩形选区

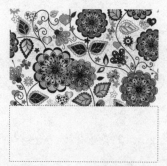

图 7-9 为选区填充颜色

❖ 注意：

使用矩形选框工具绘制选区时，按住Shift键的同时拖动鼠标，可以绘制正方形选区；按住Alt键的同时拖动鼠标，将以单击位置为中心绘制选区；按Alt+Shift组合键的同时拖动鼠标，将以中心向外绘制正方形选区。

---

03 按Ctrl+D组合键取消选中选区，在白色矩形的左侧绘制如图7-10所示的矩形选区。

04 单击属性栏中的"添加到选区"按钮，参照图7-10绘制多个宽度相同的矩形选区，效果如图7-11所示。

图 7-10　再次绘制选区　　　　　　　　　　图 7-11　绘制更多的选区

05 设置前景色为粉红色(R254,G94,B168)，按Alt+Delete组合键填充选区，然后按Ctrl+D组合键取消选中选区，效果如图7-12所示。

06 选择矩形选框工具，在这些粉红色矩形选区的顶部绘制另一个细长的矩形选区，填充为深红色(R147,G36,B79)，如图7-13所示，然后按Ctrl+D组合键取消选中选区。

07 打开"素材\第7章\蝴蝶结.psd"素材图像，选择移动工具，将蝴蝶结拖动到当前编辑的图像中，然后将蝴蝶结放到深红色矩形的中间，效果如图7-14所示。

图 7-12　填充选区　　　　图 7-13　绘制另一个细长的矩形选区　　　　图 7-14　最终效果

7.2.2　使用椭圆选框工具

使用椭圆选框工具可以绘制椭圆形及正圆形选区，椭圆选框工具的属性栏中的选项及其功能与矩形选框工具的基本相同。

【练习7-3】使用椭圆选框工具绘制立体圆球

01 在工具箱中选择椭圆选框工具 ⬭，将光标移到画面中，按住Shift键的同时拖动鼠标，绘制一个正圆形选区，如图7-15所示。

02 选择渐变工具，单击属性栏左上方的渐变色条，打开"渐变编辑器"对话框，设置为从蓝色(R85,G152,B211)到深蓝色(R30,G53,B119)进行渐变，如图7-16所示。

03 单击"确定"按钮，返回到画面中。单击属性栏中的"径向渐变"按钮 ⬭，从选区的中心向外侧拖动鼠标以进行渐变填充，效果如图7-17所示。

图7-15 绘制一个正圆形选区

图7-16 设置渐变

图7-17 渐变效果

04 选择椭圆选框工具，在正圆形选区的上方按住鼠标左键拖动，绘制一个椭圆形选区，如图7-18所示。

05 选择渐变工具，在属性栏中设置渐变方式为"线性渐变"，打开"渐变编辑器"对话框，设置为从白色到透明进行渐变，如图7-19所示。

06 单击"确定"按钮，在椭圆形选区中按住鼠标左键从上到下拖动，得到透明渐变效果，如图7-20所示。

图7-18 绘制一个椭圆形选区

图7-19 再次设置渐变

图7-20 透明渐变效果

07 选择椭圆选框工具，单击属性栏中的"添加到选区"按钮 ⬭，按住Shift键，在图像中绘制多个正圆形选区，并填充为白色，如图7-21所示。

08 在属性栏中设置"羽化"参数为20像素，在圆球的底部绘制一个椭圆形的羽化选区，如图7-22所示。

09 选择渐变工具，在属性栏中设置渐变方式为"径向渐变"，对羽化选区应用从蓝色(R85,G152,B211)到深蓝色(R30,G53,B119)的渐变填充，得到投影效果，如图7-23所示。

图 7-21 添加并填充选区　　　　图 7-22 绘制羽化选区　　　　图 7-23 绘制投影

7.2.3 使用单行/单列选框工具

使用单行选框工具 和单列选框工具 可以在图像中创建宽度为1像素的水平和垂直选区。

选择工具箱中的单行或单列选框工具，在图像窗口中单击，图7-24和图7-25放大显示了创建的水平和垂直选区。

图 7-24 水平选区　　　　　　　　　　　　图 7-25 垂直选区

7.3 创建不规则选区

使用选框工具只能绘制具有几何形状的规则选区，而在实际工作中需要绘制的选区远不止这么简单，用户可以通过Photoshop中的其他工具来创建各种复杂形状的选区。

7.3.1 使用套索工具

在实际工作中，用户常常需要创建各种形状的选区，这种选区就可以通过套索工具组来完成。套索工具组的属性栏选项及其功能与选框工具组的基本相同。

1. 套索工具

套索工具 主要用于创建手绘类不规则选区，但不能用于精确绘制选区。

选择工具箱中的套索工具 ，将光标移到要选取图像的起点位置，按住鼠标左键不放，沿图像的轮廓移动光标，如图7-26所示。完成后释放鼠标左键，绘制的套索线将自动闭合为选区，如图7-27所示。

图 7-26　按住鼠标左键拖动光标　　　　　　　　　图 7-27　得到的选区

2. 多边形套索工具

多边形套索工具 可用于对边界为直线的图像进行选取，从而轻松地绘制出具有多边形形状的选区。

【练习7-4】使用多边形选区更换手机屏幕

01　打开"素材\第7章\手机.jpg"素材图像，在工具箱中选择多边形套索工具 ，将光标移到图像窗口的中间，在手机屏幕的左上角单击，创建选区的起点，如图7-28所示。

02　沿着手机屏幕的边缘向右侧移动光标，到折角处单击，得到第二个点。继续移动光标，分别到手机屏幕的其他两个折角处单击，如图7-29所示，最后返回到起点。于是，我们沿手机屏幕得到了一个四边形选区，如图7-30所示。

图 7-28　创建选区的起点　　　　图 7-29　创建多边形选区　　　　图 7-30　得到的四边形选区

03　按Ctrl+J组合键复制四边形选区内的图像，得到图层1，如图7-31所示。

04　打开"素材\第7章\手机屏幕.psd"素材图像，使用移动工具将手机屏幕图像拖动到画面中，然后调整到画面的中间，如图7-32所示。

05　选择"图层"|"创建剪贴蒙版"命令，即可将手机屏幕图像装入手机屏幕，效果如图7-33所示。

图 7-31　复制四边形选区内的图像　　　图 7-32　添加素材图像　　　图 7-33　图像效果

3. 磁性套索工具

磁性套索工具用于在图形颜色与背景颜色反差较大的区域创建选区，从而轻松地绘制外边框较为复杂的图像选区。

选择工具箱中的磁性套索工具 ，按住鼠标左键不放，沿图像的轮廓拖动光标，光标经过的地方会自动产生节点，并且自动捕捉图像中对比度较大的图像边界，如图7-34所示。当到达起点时单击即可得到一个封闭的选区，如图7-35所示。

图 7-34　沿图像边缘创建选区　　　　　图 7-35　得到一个封闭的选区

> ❖ **注意：**
>
> 在使用磁性套索工具时，可能会由于抖动或其他原因而使边缘生成一些多余的节点，这时可以通过按Delete键来删除最近创建的磁性节点，然后继续绘制选区。

7.3.2　使用魔棒工具

使用魔棒工具 可以选择颜色一致的图像，从而获取选区，因此魔棒工具常用于选择颜色对比较强的图像。

选择工具箱中的魔棒工具 后，属性栏如图7-36所示。

| 🪄 ⌄ | ■ ⧉ ⬚ ⧈ | 取样大小: | 取样点 ⌄ | 容差: 50 | ☑ 消除锯齿 | ☑ 连续 | ☐ 对所有图层取样 | 选择主体 | 选择并遮住 ... |

图7-36　魔棒工具的属性栏

- ○ "容差"：用于设置选取的色彩范围值，单位为像素，取值范围为0～255。输入的数值越大，选取的颜色范围也越大；输入的数值越小，选取的颜色就越接近，颜色范围就越小。
- ○ "消除锯齿"：用于消除选区的锯齿边缘。
- ○ "连续"：选中时表示只选择颜色相邻的区域，取消选中时表示选择颜色相同的所有区域。
- ○ "对所有图层取样"：选中后就可以在所有可见图层上选取相近的颜色区域。

【练习7-5】使用魔棒工具抠取图像

01 打开"素材\第7章\海豚.jpg"素材图像，选择工具箱中的魔棒工具 ，在属性栏中设置"容差"为10，并且选中"连续"复选框。在图像中单击左下方背景区域，可以获取部分图像选区，如图7-37所示。

02 按住Shift键，单击右上方的背景图像以添加选区，得到整个背景图像选区，如图7-38所示。

图7-37　获取部分图像选区　　　　　　　　图7-38　得到整个背景图像选区

03 选择"选择"|"反向"命令，得到海豚图像选区。

04 打开"素材\第7章\海水.jpg"素材图像，使用移动工具将海豚图像直接拖到海水图像中，如图7-39所示，"图层"面板中将自动生成图层1。

05 按Ctrl+T组合键，海豚图像的周围将出现一个变换框，将光标放到变换框的左侧，适当向左上方旋转，如图7-40所示。按Enter键确定，得到如图7-41所示的变换效果。

图7-39　移动海豚图像　　　　　图7-40　旋转海豚图像　　　　　图7-41　完成效果

7.3.3 使用快速选择工具

在工具箱中选择快速选择工具 后，就可以在属性栏中调整快速选择工具的画笔大小等属性，并通过拖动光标快速绘制选区。

在工具箱中选择快速选择工具 ，在图像中需要选择的区域拖动光标，光标经过的区域将被选择，如图7-42所示。在不释放鼠标的情况下继续沿着需要的区域拖动光标，直至得到需要的选区，然后释放鼠标即可，如图7-43所示。

图 7-42 拖动光标经过想要选择的区域

图 7-43 沿黄色背景拖动光标后的选区

7.3.4 使用"色彩范围"命令

使用"色彩范围"命令可以在图像中创建与预设颜色相似的图像选区，并且可以根据需要调整预设颜色。"色彩范围"命令相比魔棒工具选取的区域更广。选择"选择"|"色彩范围"命令，打开"色彩范围"对话框，如图7-44所示。

○ "选择"：用来设置预设颜色的范围，其下拉列表中提供了"取样颜色""红色""黄色""绿色""青色""蓝色""洋红""高光""中间调""阴影"等选项。

图 7-44 "色彩范围"对话框

○ "颜色容差"：与魔棒工具的属性栏中"容差"选项的功能一样，用于调整颜色容差值的大小。

【练习7-6】使用"色彩范围"命令为酒杯图像更换背景

01 打开"素材\第7章\酒杯.jpg"素材图像，如图7-45所示。

02 选择"选择"|"色彩范围"命令，打开"色彩范围"对话框。单击图像中需要选取的颜色，设置"颜色容差"参数，如图7-46所示。

03 单击"色彩范围"对话框右侧的"添加到取样"按钮 ，在预览框中单击背景中的浅灰色区域，如图7-47所示。

04 单击"确定"按钮，得到背景图像选区。按Shift+Ctrl+I组合键反选选区，得到酒杯图像选区，如图7-48所示。

05 打开"素材\第7章\圆形背景.jpg"素材图像，使用移动工具将酒杯图像拖动到圆形背景图像中，效果如图7-49所示。

图 7-45　素材图像

图 7-46　设置参数

图 7-47　从图像中取样

图 7-48　酒杯图像选区

图 7-49　添加背景后的效果

7.3.5　课堂案例——制作瓶中花

下面制作一幅瓶中花合成图像，练习使用选区工具对图像进行抠图，案例效果如图7-50所示。

案例分析

本案例主要通过获取图像选区来抠取图像。首先使用磁性套索工具沿着图像边缘勾选，从而获取蜗牛图像选区。然后使用魔棒工具获取向日葵图像选区。最后将向日葵图像移到玻璃瓶图像中，适当调整后，即可得到瓶中花合成图像效果。

图 7-50　案例效果

操作步骤

01 打开"素材\第7章\玻璃瓶.jpg"和"蜗牛.jpg"素材图像，如图7-51和图7-52所示，然后选择蜗牛图像作为当前编辑的图像。

图 7-51　玻璃瓶图像

图 7-52　蜗牛图像

02 选择磁性套索工具，在属性栏中设置"羽化"参数为5像素，沿着蜗牛的边缘进行勾选，如图7-53所示。然后回到起点，得到蜗牛图像选区。

03 使用移动工具将蜗牛直接拖动到玻璃瓶图像中，按Ctrl+T组合键适当缩小蜗牛，并放到玻璃瓶的底部，效果如图7-54所示。

图 7-53　沿着蜗牛的边缘进行勾选

图 7-54　将蜗牛放到瓶底

04 选择"图层"|"图层样式"|"投影"命令，打开"图层样式"对话框，设置投影颜色为黑色，其他参数的设置如图7-55所示。

05 单击"确定"按钮，得到蜗牛的投影效果，如图7-56所示。

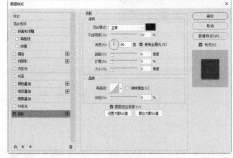

图 7-55　设置投影参数

图 7-56　蜗牛的投影效果

06 打开"素材/第7章/向日葵.jpg"素材图像。

07 选择魔棒工具，在属性栏中设置"容差"参数为20像素，单击白色背景获取选区，如图7-57所示。

08 按Shift+Ctrl+I组合键反选选区，得到向日葵图像选区，使用移动工具将向日葵直接拖到玻璃瓶图像中，如图7-58所示。

图 7-57 获取选区

图 7-58 添加向日葵

❖ 注意:

将向日葵添加到玻璃瓶之后，可以使用橡皮擦工具适当对向日葵的叶杆底部进行擦除，进而与下面的草地图像自然融合。

09 选择横排文字工具，在玻璃瓶右侧的白色区域输入文字，参照如图7-59所示的效果进行排列。

图 7-59 输入并排列文字

7.4 细化选区

对于毛发类等细节较多的图像，直接使用魔棒工具、快速选择工具等都不能完整地获取图像选区。这时必须对选区进行一些细节上的处理，才能达到所需的效果。

7.4.1 选择视图模式

打开一幅素材图像，使用魔棒工具单击图像背景，得到大致的背景选区，如图7-60所示。选择"选择"|"选择并遮住"命令或单击属性栏中的 选择并遮住... 按钮，打开相应的"属性"面板，然后单击"视图"右侧的下拉按钮，在打开的下拉列表中选择一种视图模式，以便更好地观察选区的调整结果，如图7-61所示。

图 7-60 获取背景选区

图 7-61 选择视图模式

- ❍ "洋葱皮"：选择这种视图模式后，可以使图像以半透明方式显示，你可以在"属性"面板中设置透明度参数，效果如图7-62所示。
- ❍ "闪烁虚线"：选择这种视图模式后，可以查看具有闪烁边界的标准选区。
- ❍ "叠加"：选择这种视图模式后，可以在快速蒙版状态下查看选区。
- ❍ "黑底"：选择这种视图模式后，选区内的图像将以黑色覆盖，通过调整透明度参数可以设置覆盖程度，如图7-63所示。
- ❍ "白底"：选择这种视图模式后，选区内的图像将以白色覆盖。
- ❍ "黑白"：选择这种视图模式后，可以预览用于定义选区的通道蒙版，如图7-64所示。
- ❍ "图层"：选择这种视图模式后，可以查看被选区蒙版的图层，如图7-65所示。

图 7-62 "洋葱皮"视图模式

图 7-63 "黑底"视图模式

图 7-64　"黑白"视图模式

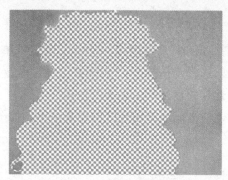

图 7-65　"图层"视图模式

7.4.2　调整选区边缘

打开一幅素材图像，在其中绘制一个正圆形选区，如图7-66所示。单击属性栏中的 选择并遮住… 按钮，打开相应的"属性"面板中展开"边缘检测""全局调整"两个选项组，在其中可以对选区进行平滑、羽化、扩展等处理，如图7-67所示。

图 7-66　绘制一个正圆形选区

图 7-67　展开"边缘检测"和"全局调整"选项组

设置"视图模式"为"图层"，调整"属性"面板中的各项参数，然后预览选区效果。

- ○ 调整"平滑"和"羽化"参数，参数值越大，选区边缘越圆滑，图像边缘也将呈现透明效果，如图7-68所示。
- ○ 设置"对比度"参数，可以锐化选区边缘，并去除模糊的不自然感，对于一些羽化后的选区，可以减弱或消除羽化效果，如图7-69所示。
- ○ 设置"移动边缘"参数，可以扩展或收缩选区边界，如图7-70所示。

❖ 注意：

用户在调整好选区后，单击"属性"面板中的"确定"按钮或按Enter键，即可退出选区编辑模式，返回到图像窗口中，得到编辑后的选区效果。

图 7-68　设置"羽化"和"平滑"参数

图 7-69　设置"对比度"参数

图 7-70　扩展选区边界

7.4.3　选区输出设置

单击 选择并遮住... 按钮后，"属性"面板的底部将出现"输出设置"选项组，如图7-71所示，在其中可以消除选区杂色并设置选区的输出方式。

选中"净化颜色"复选框，即可自动去除图像边缘的彩色杂边。在"输出到"下拉列表中，可以选择选区的输出方式，如图7-72所示。

图 7-71　"输出设置"选项组

图 7-72　选择选区的输出方式

❖ 注意：

在"输出到"下拉列表中，如果选择输出方式为"选区"，那么只能得到图像选区，如图7-73所示；如果选择输出方式为"新建图层"，那么选区内的图像将出现在新的图层中，如图7-74所示；如果选择输出方式为"新建带有图层蒙版的图层"，那么可以得到带有图层蒙版的图像，如图7-75所示。其他几种输出方式可以根据需要进行选择，这里不再逐一介绍。

图 7-73　输出为图像选区

图 7-74　输出为新的图层

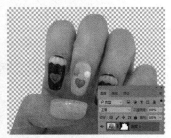
图 7-75　输出为图层蒙版

7.5 修改和编辑选区

在图像窗口中创建的选区有时并不能达到实际要求，用户可以根据需要对选区进行编辑或修改，例如对选区进行扩展、平滑、羽化或变换等。

7.5.1 选区的运算

在图像中绘制或获取选区后，可以通过选框工具创建新的选区，并与已经存在的旧选区进行运算。选择选框工具后，属性栏中将提供"新选区""添加到选区""从选区减去""与选区交叉"四个选区运算按钮，如图7-76所示。

图 7-76 选区运算按钮

○ "新选区"▣：单击该按钮，可以在图像中创建新的选区，如图7-77所示。如果图像中已经存在选区，那么新创建的选区将替换原有选区。

○ "添加到选区"▣：单击该按钮，可以在原有选区的基础上添加新的选区，图7-78显示了在现有圆形选区的基础上添加的矩形选区。

图 7-77 创建新的选区   图 7-78 在原有选区的基础上添加新的选区

○ "从选区减去"▣：单击该按钮，可以从原有选区减去新创建的选区，如图7-79所示。

○ "与选区交叉"▣：单击该按钮，将只保留原有选区与新选区相交的部分区域，如图7-80所示。

图 7-79 减选选区   图 7-80 与选区交叉

7.5.2 创建边界选区

在Photoshop中，使用"边界"命令可以在选区的边界处向内或向外增加一条边界。

【练习7-7】制作选区的边界

<u>01</u> 打开"素材\第7章\星球.jpg"素材图像，使用椭圆选框工具框选星球图像，创建一个圆形选区，如图7-81所示。

<u>02</u> 选择"选择"|"修改"|"边界"命令，打开"边界选区"对话框，将"宽度"设置为30像素，如图7-82所示。

图 7-81　创建一个圆形选区

图 7-82　设置边界宽度

<u>03</u> 单击"确定"按钮，原有选区会分别向外和向内扩展15像素，如图7-83所示。

<u>04</u> 设置前景色为淡黄色，按Alt+Delete组合键填充选区，可以看到星球的边缘有了羽化效果，如图7-84所示。

图 7-83　扩展选区

图 7-84　羽化星球的边缘

7.5.3 平滑图像选区

使用"平滑"命令可以将绘制的选区变得平滑，消除选区边缘的锯齿。

【练习7-8】制作平滑选区

<u>01</u> 在图像窗口中绘制一个多边形选区，如图7-85所示。

<u>02</u> 选择"选择"|"修改"|"平滑"命令，打开"平滑选区"对话框，设置"取样半

径"为30像素，如图7-86所示。

 03 单击"确定"按钮即可得到平滑的选区，为选区填充白色，可以观察到选区的平滑状态，如图7-87所示。

图 7-85　绘制一个多边形选区

图 7-86　设置取样半径

图 7-87　平滑效果

❖ 注意:

　　在"平滑选区"对话框中设置选区的平滑度时，"取样半径"越大，选区的轮廓越平滑，但同时也会失去选区中的细节。因此，你应该合理设置"取样半径"。

7.5.4　扩展和收缩图像选区

　　扩展选区就是在原有选区的基础上对选区进行扩展；而收缩选区是扩展选区的逆操作，用于将选区向内缩小。

【练习7-9】制作鲜花中的图像

 01 打开"素材\第7章\鲜花图像.jpg"素材图像，按住Ctrl键的同时单击图层1，载入图像选区，如图7-88所示。

 02 选择"选择"|"修改"|"扩展"命令，打开"扩展选区"对话框，设置"扩展量"为15像素，如图7-89所示。

 03 单击"确定"按钮，扩展效果如图7-90所示。

图 7-88　载入图像选区

图 7-89　扩展选区

图 7-90　扩展效果

 04 新建一个图层，将它放到图层1的下方，设置前景色为淡黄色，按Alt+Delete组合键填充扩展出来的选区，如图7-91所示。

 05 按Ctrl+D组合取消选区，选择图层1并载入图像选区。选择"选择"|"修

改"|"收缩"命令，打开"收缩选区"对话框，设置"收缩量"为20像素，如图7-92所示。

图 7-91　填充扩展出来的选区　　　　　　　　图 7-92　收缩选区

06 单击"确定"按钮，将收缩后的选区填充为淡黄色，效果如图7-93所示。

07 选择横排文字工具，在圆形图像中输入两行英文，并在属性栏中设置合适的英文字体，效果如图7-94所示。

图 7-93　填充收缩后的选区　　　　　　　　　图 7-94　输入并设置文字

7.5.5　羽化图像选区

使用"羽化"命令可以柔和地模糊选区的边缘。我们可通过扩散选区的轮廓来达到模糊选区边缘的目的，"羽化"命令能平滑选区的边缘，并产生淡出的效果。

【练习7-10】使用"羽化"命令编辑图像

01 打开"素材\第7章\双手.jpg"素材图像，使用多边形套索工具，在图像中绘制人物双手选区，如图7-95所示。

02 选择"选择"|"修改"|"羽化"命令，打开"羽化选区"对话框，设置"羽化半径"为20像素，如图7-96所示。

图 7-95　绘制人物双手选区　　　　　　　　　图 7-96　设置羽化半径

❖ 注意:

在对选区做了羽化处理后，选区的虚线框会适当缩小，选区的拐角也会变得平滑。

03 单击"确定"按钮，对选区进行羽化，效果如图7-97所示。

04 选择"选择"|"反选"命令，得到背景图像选区，为背景图像选区填充白色，效果如图7-98所示。

图 7-97　羽化选区

图 7-98　填充效果

7.5.6　描边图像选区

借助"描边"命令，我们可以使用一种颜色填充选区的边界，还可以设置填充的宽度。绘制好选区后，选择"编辑"|"描边"命令，打开"描边"对话框，在其中可以设置描边的宽度、位置、颜色等，如图7-99所示。单击"确定"按钮，得到的选区描边效果如图7-100所示。

图 7-99　"描边"对话框

图 7-100　选区描边效果

在"描边"对话框中，各个选项的作用分别如下。

○ "宽度"：用于设置描边后生成的填充线条的宽度。

○ "颜色"：单击右侧的色块将打开"选取描边颜色"对话框，在其中可以设置描边区域的颜色。

○ "位置"：用于设置描边的位置，比如"内部""居中""居外"。

○ "混合"：设置描边后颜色的不透明度和着色模式，与图层混合模式相同。

○ "保留透明区域"：选中后，进行描边时将不影响原有图层中的透明区域。

7.5.7 变换图像选区

使用"变换选区"命令可以对选区进行自由变形，而不会影响选区内的图像，包括移动选区、缩放选区、旋转与斜切选区等。

【练习7-11】对椭圆选区进行变换

[01] 打开"素材\第7章\水晶球.jpg"素材图像，在工具箱中选择椭圆选框工具，在图像中绘制一个圆形选区。选择"选择"|"变换选区"命令，选区四周将出现8个控制点，如图7-101所示。

[02] 按住Shift键，拖动控制点可以等比例调整选区大小，按住Shift+Alt组合键可以相对选区中心缩放选区，如图7-102所示。

图 7-101 选区四周出现 8 个控制点

图 7-102 调整选区大小

[03] 将光标放到控制框边线的任意控制点上，按住并拖动鼠标，可以改变选区的宽窄或长短，如图7-103所示。

[04] 将光标放到控制框的4个角点上，按住并拖动鼠标，可以旋转选区，如图7-104所示。

图 7-103 改变选区的宽窄和长短

图 7-104 旋转选区

[05] 将光标放到控制框内，然后按住并拖动鼠标，可以移动选区，如图7-105所示。按Enter键或双击鼠标，即可完成选区的变换，如图7-106所示。

图 7-105　移动选区

图 7-106　完成选区的变换

❖ 注意：

"变换选区"命令与"自由变换"命令有一些相似之处，它们都可以进行缩放、斜切、旋转、扭曲、透视等操作。不同的是，"变换选区"命令只针对选区进行操作，不能对图像进行变换；而"自由变换"命令可以同时对选区和图像进行操作。

7.5.8　存储和载入图像选区

在图像的编辑过程中，用户可以保存一些造型较复杂的图像选区，当以后需要使用时，可以将保存的图像选区直接载入使用。

【练习7-12】为图像存储选区

01 打开"素材\第7章\卡通小象.jpg"素材图像，如图7-107所示。

02 选择工具箱中的魔棒工具，在属性栏中取消选中"连续"复选框，单击卡通小象图像中的粉红色区域，获取所有的粉红色图像选区，如图7-108所示。

图 7-107　素材图像

单击

图 7-108　获取选区

03 选择"选择"|"存储选区"命令，打开"存储选区"对话框。在"名称"文本框中输入"粉红色"，单击"确定"按钮，如图7-109所示。

04 在属性栏中选中"连续"复选框，并设置"容差"为20像素。然后使用魔棒工具在白色背景中单击，得到背景图像选区。选择"选择"|"反选"选区，选择整个卡通小象图像，如图7-110所示。

图 7-109 "存储选区"对话框

图 7-110 选择整个卡通小象图像

在"存储选区"对话框中，各个选项的作用分别如下。

○ "文档"：用于选择是在当前文档中创建新的Alpha通道，还是创建新的文档并将选区存储为新的Alpha通道。

○ "通道"：用于设置保存选区的通道，其下拉列表中包含所有的Alpha通道和"新建"选项。

○ "操作"：用于选择通道的处理方式，包括"新建通道""添加到通道""从通道中减去""与通道交叉"等方式。

05 选择"选择"|"载入选区"命令，打开"载入选区"对话框。在"通道"下拉列表中选择存储的选区，然后选中"从选区中减去"单选按钮，这表示从当前选区减去载入后的选区，如图7-111所示。

06 单击"确定"按钮，得到粉红色区域以外的小象图像选区，效果如图7-112所示。

图 7-111 "载入选区"对话框

图 7-112 得到的最终选区

7.5.9 课堂案例——制作夏季服饰广告

下面制作夏季服饰广告，练习选框工具、套索工具的使用方法以及选区的编辑操作等，案例效果如图7-113所示。

图 7-113　案例效果

案例分析

首先绘制一个具有羽化效果的选区，将花朵图像移动到背景图像中，复制一次花朵图像，分别放到画面的上下两侧；然后绘制一个圆形选区，并对这个圆形选区进行描边；最后添加一些素材图像并输入文字，即可得到完整的广告作品。

操作步骤

01 新建一个图像文件，设置图像的前景色为粉红色(R247,G239,B239)，按Alt+Delete键填充背景，如图7-114所示。

02 打开"素材\第7章\花朵.jpg"素材图像，使用套索工具 ，在属性栏中设置"羽化"值为20像素，在花朵图像的周围绘制选区，如图7-115所示。

图 7-114　填充背景

图 7-115　绘制选区

03 使用移动工具，将选区内的图像直接拖动到粉红色的背景图像中，放到画面的上方，如图7-116所示。

04 使用橡皮擦工具对花朵图像的底部进行适当的擦除，使其与粉红色的背景图像自然融合，如图7-117所示。

05 按Ctrl+J组合键，复制一次花朵图像。选择"编辑"|"变换"|"垂直翻转"命令，将复制的花朵图像垂直翻转后放到画面的底部，如图7-118所示。

图 7-116　移动花朵图像　　　　图 7-117　擦除花朵图像　　　　图 7-118　复制并翻转花朵图像

06 新建一个图层，选择椭圆选框工具，按住Shift键，在图像中绘制一个圆形选区，然后填充这个圆形选区为白色，如图7-119所示。

07 选择"选择"|"变换选区"命令，按住Ctrl键拖动任意一角，缩小选区，如图7-120所示，然后按Enter键确认。

08 选择"编辑"|"描边"命令，打开"描边"对话框，设置"宽度"为1像素、"颜色"为绿色(R54,G111,B71)，其他设置如图7-121所示。

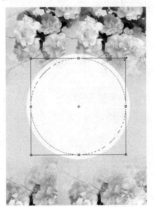

图 7-119　绘制一个圆形选区　　　图 7-120　缩小选区　　　　图 7-121　设置描边参数

09 单击"确定"按钮，描边效果如图7-122所示。

10 在"图层"面板中设置该图层的不透明度为78%，得到较为透明的图像效果，如图7-123所示。

11 打开"素材\第7章\鲜花与小鸟.psd"素材图像，使用移动工具分别将鲜花和小鸟图像拖动到当前编辑的图像中，放到圆形图像的两侧，效果如图7-124所示。

图 7-122　描边效果

图 7-123　降低透明度

图 7-124　添加素材图像

⑫ 新建一个图层，选择矩形选框工具，在圆形图像中绘制一个矩形选区，填充为绿色(R54,G111,B71)，如图7-125所示。

⑬ 选择横排文字工具，在绿色的矩形和白色的圆形中分别输入文字，设置字体为不同粗细的黑体，分别设置文字颜色为绿色、白色和橘红色，并参照如图7-126所示的效果进行排列。

⑭ 打开"素材\第7章\条纹.psd"素材图像，使用移动工具将其拖动到当前编辑的图像中，放到白色圆形的上方。为了使版面更加美观，可以在图像中输入一些英文，如图7-127所示。

图 7-125　绘制一个矩形选区

图 7-126　输入文字

图 7-127　添加条纹图像并输入英文

⑮ 打开"素材\第7章\模特.jpg"素材图像，选择魔棒工具，在属性栏中设置"容差"参数为20像素。按住Shift键，通过加选的方式，单击背景中的白色区域获取选区，如图7-128所示。

⑯ 选择"选择"|"反选"命令，得到人物图像选区，按Ctrl+C组合键复制选区内的人物图像。切换到广告图像，按Ctrl+V组合键粘贴人物图像，将其放到画面的右下方，如图7-129所示。

⑰ 选择"编辑"|"变换"|"水平翻转"命令，对人物图像进行水平翻转，最终效果如图7-130所示。

图 7-128 获取选区

图 7-129 粘贴人物图像

图 7-130 翻转人物图像

7.6 思考与练习

1. 按_____组合键即可全选图像。

    A. Ctrl+A   B. Ctrl+Shift+I   C. Ctrl+I   D. Shift+I

2. 按_____组合键即可反向选择图像。

    A. Ctrl+A   B. Ctrl+Shift+I   C. Ctrl+I   D. Shift+I

3. 按_____组合键可以隐藏选区。

    A. Ctrl+A   B. Ctrl+Shift+I   C. Ctrl+H   D. Shift+H

4. 按_____组合键可以取消选区。

    A. Ctrl+A   B. Ctrl+D   C. Ctrl+H   D. Shift+D

5. 使用矩形选框工具绘制选区时，按_____键的同时拖动鼠标，可以绘制出一个正方形选区。

    A. Tab   B. Ctrl   C. Alt   D. Shift

6. 使用矩形或椭圆选框工具绘制选区时，按_____键的同时拖动鼠标，将以单击位置为中心绘制选区。

    A. Tab   B. Ctrl   C. Alt   D. Shift

7. 使用单行或单列选框工具可以在图像中创建宽度为_____的水平或垂直选区。

    A. 1厘米   B. 1像素   C. 1毫米   D. 1英寸

8. _____工具用于在图形颜色与背景颜色反差较大的区域创建选区，从而轻松地绘制出外边框较为复杂的图像选区。

    A. 矩形选框   B. 套索工具   C. 磁性套索   D. 多边形套索工具

9. 使用"_____"命令可以在选区的边界处向内或向外增加一条边界。

    A. 平滑   B. 边界   C. 扩展   D. 羽化

10. 编辑图像时，选区的作用是什么？

11. 在选框工具的属性栏中，"羽化"选项的作用是什么？

12. 魔棒工具的作用是什么？

13. "色彩范围"命令的作用是什么？

14. 如何存储绘制好的选区？

第**8**章

图层基础

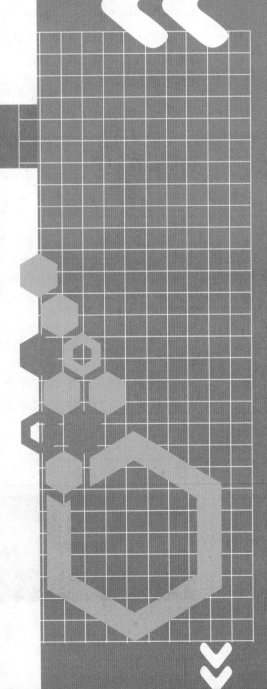

在Photoshop中，图层的应用非常重要。本章详细介绍图层的基本应用，包括图层的概念，"图层"面板，图层的创建、复制、删除、选择等操作，还介绍图层的排序、对齐与分布等。

8.1 认识图层

图层是Photoshop的核心功能之一，用户可以通过图层随心所欲地对图像进行编辑和修饰。可以说，如果没有图层，设计人员将很难通过Photoshop创作出优秀的作品。

8.1.1 图层的作用

图层用来装载各种各样的图像，它是图像的载体。在Photoshop中，一幅图像通常是由若干图层组成的，没有图层，就没有图像存在。

例如，新建图像文档时，系统会自动在新建的图像窗口中生成背景图层，用户可以通过绘图工具在图层上进行绘图。图8-1所示的图像便是由图8-2～图8-4所示的3个图层中的图像组成的。

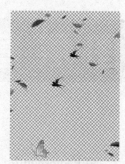

图 8-1 图像效果　　　　图 8-2 背景图层　　　　图 8-3 文字图层　　　　图 8-4 其他图层

8.1.2 "图层"面板

"图层"面板用于创建、编辑和管理图层，还可以用来设置图层混合模式以及添加图层样式等。

选择"文件"|"打开"命令，打开"素材\第8章\清新空气.psd"文件，如图8-5所示。可以在"图层"面板中查看这幅合成图像的所有图层，如图8-6所示。

图 8-5 合成图像

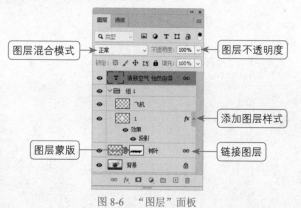

图 8-6 "图层"面板

"图层"面板中各个选项或按钮的作用分别如下。

○ "锁定"：用于设置图层的锁定方式，右侧的5个按钮分别是"锁定透明像素"按钮⊠、"锁定图像像素"按钮✎、"锁定位置"按钮⊕和"锁定全部"按钮🔒。

○ "填充"：用于设置图层填充的透明度。

○ "链接图层"∞：选择两个或两个以上的图层，单击该按钮，可以链接图层，链接的图层可同时进行各种变换操作。

○ "添加图层样式"fx：单击后，可从弹出的菜单中选择相应的命令以设置图层样式。

○ "添加图层蒙版"◻：单击该按钮，可以为图层添加蒙版。

○ "创建新的填充和调整图层"◉：单击后，可从弹出的菜单中选择命令以创建新的填充和调整图层，还可以调整当前图层下所有图层的色调效果。

○ "创建新组"▢：单击该按钮，可以创建新的图层组。可以将多个图层放置在一起，以方便用户进行查找和编辑操作。

○ "创建新图层"▣：单击该按钮，可以创建新的空白图层。

○ "删除图层"🗑：用于删除当前选中的图层。

在"图层"面板中，还可以调整图层的缩览图大小。单击"图层"面板右侧的三角形按钮，在弹出的菜单中选择"面板选项"命令，将打开"图层面板选项"对话框，对外观进行设置，如图8-7所示。选择一种预览样式，单击"确定"按钮，图8-8所示为选择较大缩览方式后的效果。再次打开"图层面板选项"对话框，可以还原之前的设置。

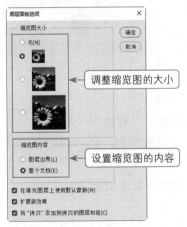

图8-7 "图层面板选项"对话框

图8-8 调整完缩览图之后的"图层"面板

8.2 新建图层

新建图层是指在"图层"面板中创建新的空白图层，新建的空白图层默认位于所选图层的上方。在新建图层之前，首先需要新建一个图像文档或打开一幅素材图像，然后可以通过"图层"面板快速创建新的图层，也可以通过菜单命令创建新的图层。

8.2.1 使用功能按钮创建图层

单击"图层"面板底部的"创建新图层"按钮 □，可以快速创建具有默认名称的新图层。图层的默认名称依次为"图层1""图层2""图层3"等，新建的图层由于没有像素，因此呈透明显示。

8.2.2 使用菜单命令创建图层

通过菜单命令创建图层时，不但可以定义图层在"图层"面板中显示的颜色，还可以定义图层的混合模式、不透明度和名称。

【练习8-1】创建新图层

01 选择"图层"|"新建"|"图层"命令或按Ctrl+Shift+N组合键，打开"新建图层"对话框，在其中可以设置新图层的名称和其他选项，如图8-9所示。

02 单击"确定"按钮，即可创建新的图层，新建的图层在"图层"面板中呈透明显示，如图8-10所示。

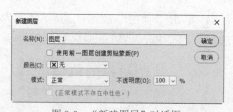

图 8-9 "新建图层"对话框

图 8-10 创建的新图层

在"新建图层"对话框中，各个选项的作用分别如下。

○ "名称"：用于设置新图层的名称，以方便用户查找图层。
○ "使用前一图层创建剪贴蒙版"：选中该复选框后，就可以将新建的图层与前一图层编组，形成剪贴蒙版。
○ "颜色"：用于设置新图层在"图层"面板中显示的颜色。
○ "模式"：用于设置新图层的混合模式。
○ "不透明度"：用于设置新图层的透明程度。

8.2.3 创建文字和形状图层

用户在图像中输入文字后，"图层"面板中将自动新建相应的文字图层，如图8-11所示。

在工具箱中选择某个形状工具，在属性栏左侧的"选择工具模式"下拉列表中选择"形状"选项，然后在图像中绘制形状，这时"图层"面板中将自动创建形状图层，图8-12所示为使用椭圆工具绘制图形后创建的形状图层。

图 8-11 文字图层   图 8-12 形状图层

8.2.4 创建填充和调整图层

在Photoshop中，还可以为图像创建新的填充或调整图层。填充图层在创建后就已经填充了颜色或图案；而调整图层的作用则与"调整"命令相似，主要用来整体调整所有图层的色彩和色调。

【练习8-2】为图像创建填充和调整图层

01 打开"素材\第8章\草地.jpg"素材图像，选择"图层"|"新建调整图层"|"亮度/对比度"命令，打开"新建图层"对话框，如图8-13所示。

02 单击"确定"按钮，切换到"属性"面板，可以通过输入数值精确设置亮度和对比度，如图8-14所示；"图层"面板中将自动创建新的调整图层，如图8-15所示。

图 8-13 新建调整图层   图 8-14 "属性"面板   图 8-15 创建的调整图层

03 单击"图层"面板底部的"创建新的填充或调整图层"按钮，在弹出的菜单中可以选择一项图层调整命令，例如选择"纯色"命令，如图8-16所示。

04 在打开的"拾色器(纯色)"对话框中设置颜色为绿色(R99,G116,B30)，如图8-17所示。

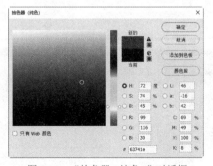

图 8-16 选择一项图层调整命令   图 8-17 "拾色器(纯色)"对话框

[05] 单击"确定"按钮，即可在当前图层的上一层创建"颜色填充"图层，如图8-18所示。

[06] 在"图层"面板中设置图层混合模式为"叠加"，得到的图像效果如图8-19所示。

图 8-18　创建的"颜色填充"图层　　　　图 8-19　图像效果

8.3　编辑图层

在"图层"面板中创建图层或图层组后，用户可以对图层进行复制、删除、链接和合并等操作，从而制作出复杂的图像效果。

8.3.1　复制图层

复制图层就是为已有的图层创建副本，从而得到另一个相同的图层，用户可以对图层的副本进行相关操作。

【练习8-3】通过多种方法复制图层

[01] 打开需要复制的图像，在"图层"面板中可以看到背景图层，如图8-20所示。

[02] 选择"图层"|"复制图层"命令，打开"复制图层"对话框，如图8-21所示。保持默认设置不变，单击"确定"按钮，即可得到复制的"背景 拷贝"图层，如图8-22所示。

图 8-20　背景图层　　　　图 8-21　"复制图层"对话框　　　　图 8-22　复制的"背景 拷贝"图层

03 在"图层"面板中选择背景图层，按住鼠标左键，将背景图层直接拖到"图层"面板底部的"创建新图层"按钮 🔳 上，如图8-23所示，即可直接复制背景图层，如图8-24所示。

图8-23　拖动背景图层

图8-24　直接复制背景图层

> **❖ 注意：**
>
> 　　你还可以移动复制的图像，选择移动工具 ✛，将光标置于需要复制的图像中，当光标变成双箭头 ↘ 形状时，按住Alt键进行拖动，即可移动复制的图像，同时得到复制的图层。

8.3.2　删除图层

对于不需要的图层，可以使用菜单命令来删除，也可以通过"图层"面板来删除。删除图层后，图层中的图像也将被删除。

1. 通过菜单命令删除图层

在"图层"面板中选择想要删除的图层，然后选择"图层"|"删除"|"图层"命令，即可删除选择的图层。

2. 通过"图层"面板删除图层

在"图层"面板中选择想要删除的图层，然后单击"图层"面板底部的"删除图层"按钮 🗑，即可删除选择的图层。

3. 通过键盘删除图层

在"图层"面板中选择想要删除的图层，然后按Delete键，即可删除选择的图层。

8.3.3　隐藏与显示图层

当一幅图像有较多的图层时，为了便于操作，可将其中暂时不需要显示的图层隐藏。图层缩览图前面的眼睛图标用于控制图层的显示和隐藏，有眼睛图标的图层为可见图层，如图8-25所示。单击图层前面的眼睛图标，可以隐藏图层，如图8-26所示。如果想要重新显示图层,只需要在原来的眼睛图标处单击即可。

图 8-25　显示图层

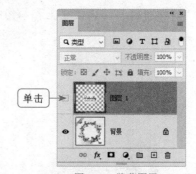

图 8-26　隐藏图层

隐藏和显示图层的方式还有如下几种:

○ 按住Alt键单击某个图层前的眼睛图标,可以隐藏除该图层外的所有图层;按住Alt键再次单击同一眼睛图标,可以显示其他图层。

○ 选择"图层"|"隐藏图层"命令,即可隐藏当前选择的图层;选择"图层"|"显示图层"命令,即可显示隐藏的图层。

○ 在眼睛图标列拖动光标,可以快速隐藏或显示多个相邻的图层。

8.3.4　查找和隔离图层

当"图层"面板中的图层较多时,如果想要快速找到某个图层,可以使用查找图层功能。通过隔离图层,可以在"图层"面板中只显示某种类型的图层,如效果图层、模式图层和颜色图层等。

【练习8-4】查找和隔离图层

01 打开"素材\第8章\蓝天白云.psd"素材图像,在"图层"面板中可以看到多个图层,如图8-27所示。

02 选择"选择"|"查找图层"命令,"图层"面板的顶部将会自动显示"名称"栏,在"名称"栏右侧的文本框中输入需要查找的图层的名称,"图层"面板中将只显示指定的图层,如图8-28所示。

图 8-27　素材图像包含多个图层

图 8-28　查找图层

03 选择"选择"|"隔离图层"命令,然后在"图层"面板的顶部选择需要隔离的图层类型,如选择"颜色"类型,如图8-29所示。

04 在"颜色"栏右侧的下拉列表中选择"红色",即可得到只有红色标记的图层,如图8-30所示。

图8-29 选择隔离类型

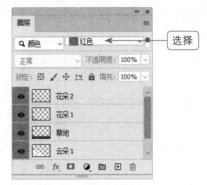

图8-30 被隔离的颜色图层

❖ **注意:**

单击"图层"面板右上方的 ● 按钮,即可显示"图层"面板中的所有图层。

8.3.5 链接图层

图层的链接是指将多个图层链接成一组,可以对链接的图层进行移动、变换等操作,还可以将链接在一起的多个图层同时复制到另一个图像窗口中。

单击"图层"面板底部的"链接图层"按钮 ,即可将选择的图层链接在一起。例如,选择如图8-31所示的3个图层,单击"图层"面板底部的"链接图层"按钮 ,即可将选择的3个图层链接在一起,链接在一起的图层的右侧会出现链接图标 ,如图8-32所示。

图8-31 选择3个图层

图8-32 链接在一起的图层

8.3.6 合并和盖印图层

合并图层是指将多个图层合并成一个图层,这不仅可以减小文件的大小,还可以方便用户对合并后的图层进行编辑。

合并图层的常见操作方法有以下几种。

- ○ 向下合并图层：将当前图层与其底部的第一个图层合并。
- ○ 合并可见图层：将当前所有的可见图层合并成一个图层。
- ○ 拼合图像：将所有可见图层合并，隐藏的图层将被丢弃。

盖印图层是一种比较特殊的图层合并方式，这种方式可以将多个图层中的图像合并到一起，生成一个新的图层，但合并之前的那些图层依然存在。

【练习8-5】通过多种方法合并图层

01 打开"素材\第8章\几何图形.psd"素材图像，在"图层"面板中可以看到合并前的图层，如图8-33所示。

02 选择图层3，然后选择"图层"|"向下合并"命令或按Ctrl+E组合键，即可将图层3中的图像向下合并到图层2中，如图8-34所示。

图 8-33　合并前的图层　　　　　　图 8-34　合并后的图层

03 按Ctrl+Z组合键后退一步操作，关闭图层2前面的眼睛图标，隐藏图层2，如图8-35所示。

04 选择"图层"|"合并可见图层"命令，即可将图层2以外的其他可见图层合并，如图8-36所示。

图 8-35　隐藏图层2　　　　　　图 8-36　合并可见图层

05 按Ctrl+Z组合键后退一步操作，同样隐藏图层2。选择"图层"|"拼合图像"命令，将弹出如图8-37所示的提示框。

06 单击"确定"按钮，拼合图像后的图层如图8-38所示，可以看到隐藏的图层已消失。

07 按Ctrl+Z组合键后退一步操作，显示图层2。选择图层3，按Ctrl+Shift+Alt+E组合键，生成的盖印图层如图8-39所示。

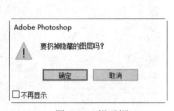

图 8-37　提示框

图 8-38　拼合后的图层

图 8-39　生成的盖印图层

❖ **注意：**

选择多个图层后，按Ctrl+ Alt+E组合键，可以将它们盖印到一个新的图层中，原有图层的内容则保持不变。

8.3.7　背景图层与普通图层的转换

默认情况下，背景图层是锁定的，不能进行移动和变换操作。用户可以根据需要将背景图层转换为普通图层，然后对图像进行编辑。

打开一幅素材图像，可以看到背景图层处于锁定状态，如图8-40所示。选择"图层"|"新建"|"背景图层"命令，打开"新建图层"对话框，默认的"名称"为图层0，如图8-41所示。设置好图层的参数后，单击"确定"按钮，即可将背景图层转换为普通图层，如图8-42所示。

图 8-40　背景图层

图 8-41　"新建图层"对话框

图 8-42　转换后的图层

❖ **注意：**

在"图层"面板中双击背景图层，同样可以打开"新建图层"对话框，完成设置后，单击"确定"按钮，即可将背景图层转换为普通图层。

8.3.8　课堂案例——制作火焰虎头

下面制作一幅火焰虎头图像，练习图层的创建和图像的复制等，案例效果如图8-43所示。

案例分析

本案例主要练习将两幅图像组合成一幅具有震撼力的火焰虎头图像。首先在火焰图像中添加虎头图像，并自动创建图层；然后盖印图层，调整整个画面的亮度和对比度，即可得到颜色鲜艳的火焰虎头图像。

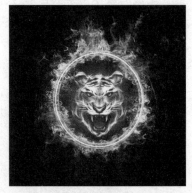

图 8-43　案例效果

操作步骤

01 打开"素材\第8章\火焰.jpg"和"虎头.psd"素材图像，如图8-44和图8-45所示。

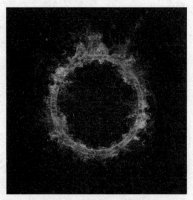

图 8-44　火焰图像

图 8-45　虎头图像

02 选择"虎头"图像，在"图层"面板中选择图层1，按Ctrl+C组合键复制虎头图像，如图8-46所示。

03 选择"火焰"图像，按Ctrl+V组合键粘贴虎头图像到火焰图像中，并将虎头图像放到火焰图像的中心位置，这时"图层"面板中将自动生成一个新的图层，如图8-47所示。

图 8-46　复制虎头图像

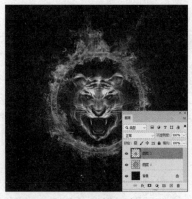

图 8-47　粘贴虎头图像到火焰图像中

04 单击"图层"面板底部的"创建新图层"按钮，创建一个新的图层，如图8-48所示。

05 选择椭圆选框工具，在图像中绘制一个圆形选区。选择"编辑"|"描边"命令，打开"描边"对话框，设置描边的"宽度"为5像素、"颜色"为白色，其他参数设置如图8-49所示。单击"确定"按钮，得到的选区描边效果如图8-50所示。

图 8-48 创建图层 3

图 8-49 设置描边参数

图 8-50 选区描边效果

06 按Ctrl+Shift+Alt+E组合键盖印图层，如图8-51所示，得到一幅完整的已将虎头和火焰合成在一起的图像。

07 选择"图层"|"新建调整图层"|"亮度/对比度"命令，在打开的对话框中保持默认设置，单击"确定"按钮，进入"属性"面板，设置"亮度"和"对比度"分别为83和25，如图8-52所示。

图 8-51 盖印图层

图 8-52 调整图像亮度

08 这时"图层"面板中将出现调整图层，如图8-53所示。调整后的图像效果如图8-54所示。

图 8-53 "图层"面板中的调整图层

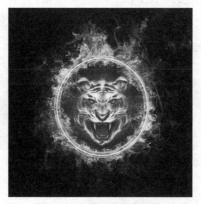

图 8-54 调整后的图像效果

8.4 排列与分布图层

在"图层"面板中，图层是按照创建的先后顺序排列的。用户可以重新调整图层的顺序，也可以对多个图层进行对齐，或者按照相同的间距分布图层。

8.4.1 调整图层顺序

当图像含有多个图层时，默认情况下，Photoshop会按照一定的先后顺序排列图层。用户可以通过调整图层的排列顺序，创造出不同的图像效果。

选择需要调整的图层，将所选的图层向上或向下拖动即可调整图层的排列顺序。例如，将图8-55所示的柠檬图层拖动到图层1的下方，效果如图8-56所示。

图 8-55 拖动图层   图 8-56 调整后的图层顺序

8.4.2 对齐图层

对齐图层是指将选择或链接后的多个图层按一定的方式对齐。选择"图层"|"对齐"命令，在弹出的子菜单中选择所需的子命令，即可将选择或链接后的图层按相应的方式对齐，如图8-57所示。

打开"水晶图标.psd"素材图像，如图8-58所示。在"图层"面板中选择3个普通图层，如图8-59所示。下面以这幅素材图像为例介绍图层的各种对齐效果。

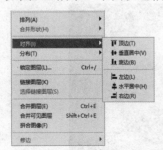

图 8-57 选择"对齐"命令   图 8-58 素材图像   图 8-59 选择 3 个普通图层

○ 选择"图层"|"对齐"|"顶边"命令，可将选定图层的顶端像素与所有选定图

层的顶端像素对齐，或与选区边框的顶边对齐，效果如图8-60所示。

○ 选择"图层"|"对齐"|"垂直居中"命令，可将每个选定图层的垂直中心像素与所有选定图层的垂直中心像素对齐，或与选区边框的垂直中心对齐，效果如图8-61所示。

○ 选择"图层"|"对齐"|"底边"命令，可将选定图层的底端像素与所有选定图层的底端像素对齐，或与选区边界的底边对齐，效果如图8-62所示。

图 8-60　顶边对齐　　　　　　图 8-61　垂直居中对齐　　　　　图 8-62　底边对齐

○ 选择"图层"|"对齐"|"左边"命令，可将选定图层的左端像素与最左端图层的左端像素对齐，或与选区边界的左边对齐，效果如图8-63所示。

○ 选择"图层"|"对齐"|"水平居中"命令，可将选定图层的水平中心像素与所有选定图层的水平中心像素对齐，或与选区边界的水平中心对齐，效果如图8-64所示。

○ 选择"图层"|"对齐"|"右边"命令，可将选定图层的右端像素与所有选定图层的右端像素对齐，或与选区边界的右边对齐，效果如图8-65所示。

❖ 注意：

选择多个图层后，选择移动工具 ⊕，属性栏中将出现各种对齐按钮 ⊫ ⊹ ⊰ ⊟ ⊤ ⊪ ⊥ ⊪ …，单击其中的按钮可以得到相应的效果。

图 8-63　左边对齐　　　　　　图 8-64　水平居中对齐　　　　　图 8-65　右边对齐

8.4.3　分布图层

分布图层是指将3个或更多个图层按一定规律在图像窗口中进行分布。选择多个图层

后，选择"图层"|"分布"命令，从弹出的子菜单中选择所需的子命令，即可按指定的方式分布选择的图层，如图8-66所示。

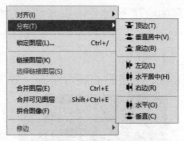

图 8-66　分布菜单

- "顶边"：从每个图层的顶端像素开始，间隔均匀地分布图层。
- "垂直居中"：从每个图层的垂直中心像素开始，间隔均匀地分布图层。
- "底边"：从每个图层的底端像素开始，间隔均匀地分布图层。
- "左边"：从每个图层的左端像素开始，间隔均匀地分布图层。
- "水平居中"：从每个图层的水平中心开始，间隔均匀地分布图层。
- "右边"：从每个图层的右端像素开始，间隔均匀地分布图层。
- "水平"：以画布边界为准，将图像水平分布在原有行中。
- "垂直"：以画布边界为准，将图像垂直分布在原有列中。

8.5　思考与练习

1. 按_____组合键可以新建图层。

　　A. Ctrl+N　　　　　B. Ctrl+Shift+I　　　C. Ctrl+I　　　　　　D. Ctrl+Shift+N

2. 下列操作中，不能创建新图层的是_____。

　　A. 选择"图层"|"新建"|"图层"命令。

　　B. 单击"图层"面板底部的"创建新图层"按钮。

　　C. 使用画笔工具在图像中绘制图形。

　　D. 使用文字工具在图像中创建文字。

3. 分布图层是指将_____图层按一定规律在图像窗口中进行分布。

　　A. 1　　　　　　　　B. 2　　　　　　　　C. 3个　　　　　　　D. 3个或更多个

4. 单击"图层"面板中的_____可以隐藏图层。

　　A. "链接图层"按钮　　　　　　　　　　B. "创建新图层"按钮

　　C. 眼睛图标　　　　　　　　　　　　　D. "删除图层"按钮

5. 用户可以通过哪几种常用方法删除不需要的图层？

6. 图层链接的作用是什么？

7. 合并图层的作用是什么？合并图层有哪几种常用方法？

8. 如何将背景图层转换为普通图层？

第 9 章

图层的高级应用

本章介绍图层混合模式、图层样式的应用以及图层的管理。通过改变图层的不透明度和混合模式可以创建各种特殊效果；使用图层样式可以创建出图像的投影、外发光、浮雕等特殊效果，再结合曲线的调整，可以使图像产生更多变化。

9.1 管理图层

在编辑复杂的图像时，使用的图层会越来越多，图层可以通过图层组进行管理，这样能够更方便地控制和编辑图层。

9.1.1 创建图层组

当"图层"面板中的图层过多时，可以创建不同的图层组，这样就能快速找到需要的图层。在Photoshop中，创建图层组的方法有如下3种。

1. 通过"新建"命令

选择"图层"|"新建"|"组"命令，打开"新建组"对话框。在其中可以对组的名称、颜色、模式和不透明度进行设置，如图9-1所示。单击"确定"按钮，即可得到新建的图层组，如图9-2所示。

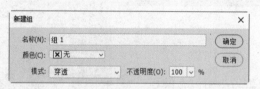

图 9-1 新建图层组

图 9-2 新建的图层组

2. 通过"图层"面板

在"图层"面板中，选择需要添加到图层组中的图层，单击"创建新组"按钮 ▢，或将图层直接拖动到"创建新组"按钮上，如图9-3所示。即可看到所选的图层出现在新建的图层组中，如图9-4所示。

图 9-3 拖动图层

图 9-4 新建的图层组

3. 通过图层新建图层组

在"图层"面板中选择需要添加到图层组中的图层，如图9-5所示。然后选择"图层"|"新建"|"从图层新建组"命令，打开"从图层新建组"对话框，如图9-6所示。设置完参数后单击"确定"按钮，即可看到所选的图层出现在新建的图层组中，如图9-7所示。

图 9-5 选择图层　　　　　图 9-6 "从图层新建组"对话框　　　　图 9-7 新建的图层组

9.1.2 编辑图层组

在对多个图层进行编组后，为了方便今后运用，还可以在图层组中增加或删除图层，甚至可以取消图层编组。

【练习9-1】在图层组中调整图层

01 打开一幅包含多个图层的图像，按住Ctrl键，选择需要编组的图层，比如所有的文字图层，如图9-8所示。

02 选择"图层"|"图层编组"命令或按Ctrl+G组合键，可以对图层进行编组，如图9-9所示。

03 编组后的图层处于闭合状态。单击图层组前面的三角形图标 ，即可展开图层组，如图9-10所示。

图 9-8 选择图层　　　　　图 9-9 对图层进行编组　　　　　图 9-10 展开图层组

04 对于图层组中的图层，同样可以应用图层样式、改变图层属性等。如果要添加新的图层到图层组中，可以选择图层组，单击"新建图层"按钮 即可，如图9-11所示。

05 如果要将已经存在的图层添加到图层组中，可以直接选择图层，按住鼠标左键，将其拖动到图层组中即可，如图9-12和图9-13所示。

06 如果要取消图层编组，可以选择图层组，然后选择"图层"|"取消图层编组"命令，或在图层组中右击鼠标，在弹出的菜单中选择 "取消图层编组"命令，即可取消图层编组，但图层依然存在，如图9-14所示。

❖ 注意：

要删除图层组，直接将图层组拖动到"图层"面板底部的"删除图层"按钮上即可。

图9-11 添加新的图层到
图层组中

图9-12 拖动图层

图9-13 拖动到图层
组中的图层

图9-14 取消图层编组

9.2 图层的不透明度与混合模式

图层的不透明度和混合模式在图像处理过程中起着非常重要的作用。在编辑图像时，通过改变图层的不透明度和混合模式可以创建各种特殊效果。

9.2.1 设置图层不透明度

在"图层"面板中，通过设置图层的不透明度，可以使图层产生透明或半透明效果。

打开"素材\第9章\海边.jpg"素材图像，在"图层"面板中可以看到这幅图像包含多个图层，如图9-15所示。选择"蓝天白云"图层，在"图层"面板的右上方，在"不透明度"后面的数值框中可以输入参数，这里输入50%以降低图像的透明程度，效果如图9-16所示。

图9-15 素材图像

图9-16 调整"不透明度"参数

❖ 注意：

当图层的不透明度小于100%时，将显示下一层图像，这个值越小，下一层图像就越透明；当这个值为0时，将完全显示下一层图像内容。

9.2.2 设置图层混合模式

Photoshop提供了27种图层混合模式，主要用来对当前图层中的图像与下一层图像进行色彩混合，设置的混合模式不同，产生的效果也不同。

Photoshop提供的图层混合模式都包含在"图层"面板的 正常 下拉列表中，从中可以选择需要使用的图层混合模式，如图9-17所示。

图 9-17 Photoshop 提供的图层混合模式

下面通过图9-18所示的分层图像，讲解图9-17中各种图层混合模式产生的效果。

○ **正常模式**：这是系统默认的图层混合模式，显示的是图像的原始状态。当图层的不透明度为100%时，将完全遮盖下一层图像，如图9-18所示。通过降低不透明度可以与下一层图像进行混合。

○ **溶解模式**：这种模式会随机消除图像的部分像素，消除的部分可以显示下一层图像，从而形成两层图像相互交融的效果，可配合设置不透明度来使溶解效果更加明显。例如，设置图层1的不透明度为70%，效果如图9-19所示。

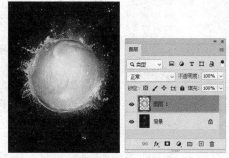

图 9-18 原图及正常模式

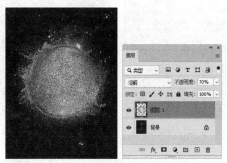

图 9-19 溶解模式

○ **变暗模式**：在这种模式下，可以查看每个通道中的颜色信息，并将当前图层中较暗的色彩调整得更暗，让较亮的色彩变得透明，如图9-20所示。

○ **正片叠底模式**：这种模式可以产生比当前图层和底部图层更暗的颜色，如图9-21所示。任何颜色与黑色混合都将产生黑色，与白色混合都将保持不变。当用户使用黑色或白色以外的颜色绘画时，绘制的连续描边将产生逐渐变暗的颜色。

○ 颜色加深模式：这种模式能够增强当前图层与下方图层之间的对比度，使图层的亮度降低、色彩加深，与白色混合后不产生变化，效果如图9-22所示。

○ 线性加深模式：在这种模式下，可以查看每个通道中的颜色信息，并通过减小亮度使基色变暗以反映混合色。与白色混合后不产生变化，效果如图9-23所示。

图 9-20　变暗模式　　　图 9-21　正片叠底模式　　图 9-22　颜色加深模式　　图 9-23　线性加深模式

○ 深色模式：在这种模式下，可将当前图层和底部图层的颜色做比较，并将两个图层中相对较暗的像素创建为结果色，效果如图9-24所示。

○ 变亮模式：这种模式与变暗模式的效果相反。在变亮模式下，将选择基色或混合色中较亮的颜色作为结果色。比混合色暗的像素将被替换，比混合色亮的像素则保持不变，效果如图9-25所示。

○ 滤色模式：这种模式和正片叠底模式正好相反，结果色总是较亮的颜色，并具有漂白效果，如图9-26所示。

○ 颜色减淡模式：这种模式通过减小对比度来提高混合后图像的亮度，与黑色混合后不发生变化，如图9-27所示。

图 9-24　深色模式　　　图 9-25　变亮模式　　　图 9-26　滤色模式　　　图 9-27　颜色减淡模式

○ 线性减淡(添加)模式：这种模式下，可以查看每个通道中的颜色信息，并通过增加亮度使基色变亮以反映混合色。与黑色混合后不发生变化，效果如图9-28所示。

○ 浅色模式：这种模式与深色模式相反，可将当前图层和底部图层的颜色做比较，将两个图层中相对较亮的像素创建为结果色，效果如图9-29所示。

○ 叠加模式：这种模式用于混合或过滤颜色，最终效果取决于基色。图案或颜色将在现有像素上叠加，同时保留基色的明暗对比。不替换基色，但把基色与混合色混合以反映原色的亮度或暗度，效果如图9-30所示。

○ 柔光模式：这种模式能够产生一种柔和光线照射的效果，亮度高的区域更亮，暗调区域更暗，从而使反差增大，效果如图9-31所示。

 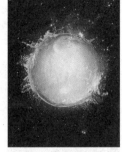  

图 9-28　线性减淡（添加）模式　　　图 9-29　浅色模式　　　图 9-30　叠加模式　　　图 9-31　柔光模式

○ 强光模式：这种模式能够产生一种强烈光线照射的效果，可根据当前图层的颜色使底部图层的颜色更为浓重或浅淡，具体取决于当前图层的颜色亮度，效果如图9-32所示。

○ 亮光模式：这种模式能够通过增加或减小对比度来加深或减淡颜色，具体取决于混合色，效果如图9-33所示。如果混合色(光源)比50%灰色亮，则通过减小对比度使图像变亮。如果混合色比50%灰色暗，则通过增加对比度使图像变暗。

○ 线性光模式：这种模式能够通过增加或减小底部图层的亮度来加深或减淡颜色，具体取决于当前图层的颜色，效果如图9-34所示。如果当前图层的颜色比50%灰色亮，则通过增加亮度使图像变亮；如果当前图层的颜色比50%灰色暗，则通过减小亮度使图像变暗。

○ 点光模式：这种模式能够根据当前图层与下方图层的混合色来替换部分较暗或较亮像素的颜色，效果如图9-35所示。

   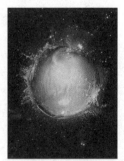

图 9-32　强光模式　　　图 9-33　亮光模式　　　图 9-34　线性光模式　　　图 9-35　点光模式

○ 实色混合模式：这种模式取消了中间色，混合的结果由底部图层的颜色与当前图层的亮度决定，效果如图9-36所示。

○ 差值模式：这种模式将根据图层颜色的亮度对比选择进行相加还是相减，与白色混合后将对颜色进行反相，与黑色混合则不产生变化，效果如图9-37所示。

○ 排除模式：这种模式能够创建一种与差值模式相似但对比度更低的效果，与白色混合后会使底部图层的颜色产生相反的效果，与黑色混合则不产生变化，效果如图9-38所示。

○ 减去模式：在这种模式下，将从基色中减去混合色。在8位和16位图像中，生成的任何负片值都会剪切为零，如图9-39所示。

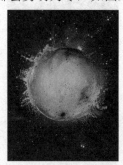

图 9-36　实色混合模式　　　图 9-37　差值模式　　　图 9-38　排除模式　　　图 9-39　减去模式

○ 划分模式：在这种模式下，可通过查看每个通道中的颜色信息，从基色中分割出混合色，效果如图9-40所示。

○ 色相模式：在这种模式下，可以使用基色的亮度、饱和度以及混合色的色相创建结果色，效果如图9-41所示。

○ 饱和度模式：在这种模式下，可以使用底部图层颜色的亮度和色相以及当前图层颜色的饱和度创建结果色。当饱和度为0时，使用这种模式后不会产生变化，效果如图9-42所示。

○ 颜色模式：这种模式将对当前图层的亮度与下方图层的色相和饱和度进行混合，效果与饱和度模式类似。

○ 明度模式：这种模式将对当前图层的色相和饱和度与下方图层的亮度进行混合，产生的效果与颜色模式相反，效果如图9-43所示。

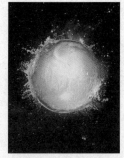

图 9-40　划分模式　　　图 9-41　色相模式　　　图 9-42　饱和度模式　　　图 9-43　明度模式

9.2.3　课堂案例——制作云中城图像

下面制作云中城图像，练习设置图层的不透明度与混合模式，案例效果如图9-44所示。

图 9-44　案例效果

案例分析

本案例主要通过合成两张图像的方式，制作出云中城堡的图像效果。首先将城堡图像添加到云层图像中，并设置图层混合模式，让城堡图像与云层图像产生特殊的融合效果。然后通过橡皮擦工具适当修饰图像，得到最终的合成图像。

操作步骤

01 打开"素材\第9章\云层.jpg"和"城堡.jpg"图像，如图9-45和图9-46所示。

图 9-45　云层图像

图 9-46　城堡图像

02 使用移动工具将城堡图像直接拖动到云层图像中，适当调整城堡图像的大小，放到画面的中间，如图9-47所示。

03 这时"图层"面板中将自动得到图层1，设置图层1的混合模式为"线性减淡(添加)"，得到的图像效果如图9-48所示。

图 9-47　移动并调整图像

图 9-48　设置图层混合模式

04 按Ctrl+J组合键复制一次图层1，得到"图层1拷贝"图层，改变图层混合模式为"正常"，设置图层的不透明度为73%，适当降低图像透明度，效果如图9-49所示。

05 选择橡皮擦工具 ，在属性栏中设置透明度为50%，在手部图像中擦除部分图像，效果如图9-50所示。

图9-49 设置图层的不透明度

图9-50 擦除部分图像

06 打开"素材\第9章\老鹰.psd"，使用移动工具分别将老鹰和光圈图像拖动至当前编辑的图像中，放到如图9-51所示的位置。

07 选择光圈图像所在图层，设置图层混合模式为"滤色"，从而得到与背景图像完美融合的光圈效果，如图9-52所示。

图9-51 添加素材图像

图9-52 融合效果

9.3 关于图层混合选项

利用图层样式可以制作出许多丰富的图像效果，而图层混合选项是图层样式的默认选项。选择"图层"|"图层样式"|"混合选项"命令，或者单击"图层"面板底部的"添加图层样式"按钮 fx ，即可打开"图层样式"对话框，如图9-53所示。在其中可以调节整个图层的透明度与混合模式参数，并且有些设置可以直接在"图层"面板中调节。

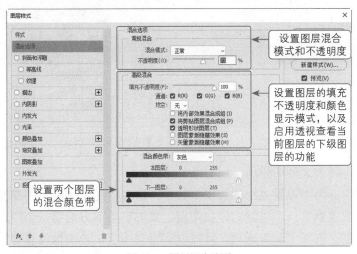

图 9-53　图层混合选项

9.3.1　通道混合

可在"图层样式"对话框中的"高级混合"选项区域对通道混合进行设置。其中，"通道"右侧的R、G、B选项分别对应红色、绿色、蓝色通道。当取消选中某个通道选项时，对应的颜色通道将被隐藏，图9-54对比显示了隐藏绿色通道的前后效果。打开"通道"面板，可看到绿色通道已经被隐藏，缩览图显示为黑色，如图9-55所示。

图 9-54　隐藏绿色通道

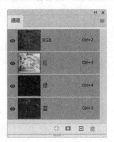

图 9-55　"通道"面板

❖ 注意：

当打开的图像为CMYK或Lab模式时，"图层样式"对话框中的通道选项将显示相应的色彩模式。

9.3.2　图像挖空效果

打开"图层样式"对话框，在如图9-56所示的"高级混合"选项区域可以设置图像挖空效果，从而将上方图层与下方图层的全部或部分重叠区域显示出来。创建图像挖空效果需要3个图层：挖空的图层、穿透的图层、显示的图层，如图9-57所示。

图 9-56 "挖空"选项　　　　　　图 9-57 创建图像挖空效果需要 3 个图层

在图9-56中，各个选项的作用分别如下。

○ "挖空"：用于设置挖空的程度。其中：选择"无"选项将不挖空；选择"浅"
选项将挖空到第一个可能的停止图层，如图层组下方的第一个图层或剪贴蒙版的
基底图层；选择"深"选项，将挖空到背景图层，若图像没有背景图层，则显示
透明效果，图9-58所示为挖空到背景图层，图9-59所示为挖空到透明效果。

图 9-58 挖空到背景图层　　　　　　图 9-59 挖空到透明效果

○ "将内部效果混合成组"：选中该复选框后，添加了"内发光""颜色叠
加""渐变叠加"和"图案叠加"效果的图层将不显示效果。

○ "将剪贴图层混合成组"：选中该复选框后，底部图层的混合模式将与上一层图
像产生剪贴混合效果。取消选中该复选框后，底部图层的混合模式将只对自身有
影响，而不会对其他图层产生影响。

○ "透明形状图层"：选中该复选框后，图层样式或挖空范围将被限制在图层的不
透明区域。

○ "图层蒙版隐藏效果"：选中该复选框后，将隐藏图层蒙版中的效果。

○ "矢量蒙版隐藏效果"：选中该复选框后，将隐藏矢量蒙版中的效果。

9.3.3 混合颜色带

使用混合颜色带可以通过隐藏像素的方式创建图像混合效果。这是一种高级蒙版，用
于混合上下两个图层的内容。

打开"图层样式"对话框后，在"混合颜色带"选项区域设置需要隐藏的颜色，以及
当前图层和下一图层的颜色阈值，即可设置混合颜色带，如图9-60所示。

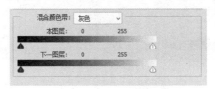

图 9-60　设置混合颜色带

在"混合颜色带"选项区域，各个选项的作用分别如下。

○ "混合颜色带"：用于设置控制混合效果的颜色通道。若用户选择"灰色"选项，则表示所有颜色通道都将参与混合。

○ "本图层"：拖动"本图层"下方的滑块，可隐藏本层图像像素，显示下层图像像素。若将左边的黑色滑块向右移动，则图像中颜色较深的像素将被隐藏；若将右边的白色滑块向左移动，则图像中颜色较浅的像素将被隐藏。

○ 下一图层：拖动"下一图层"下方的滑块，可隐藏下层图像像素。若将左边的黑色滑块向右移动，则图像中颜色较深的像素将被隐藏；若将右边的白色滑块向左边移动，则图像中较浅的像素将被隐藏。图9-61为隐藏下一图层中颜色较浅像素的效果；图9-62为隐藏下一图层中颜色较深像素的效果。

图 9-61　隐藏浅色图像

图 9-62　隐藏深色图像

9.4　应用图层样式

在对图层应用了图层样式后，图层样式中定义的各种图层效果都会应用到图像中，从而为图像增加层次感、透明感和立体感。

9.4.1　添加图层样式

Photoshop提供了10种图层样式，它们全都列在"图层样式"对话框的"样式"列表框中，下面将详细介绍各种图层样式的作用。

1. "斜面和浮雕"样式

"斜面和浮雕"样式可使图层图像产生立体的倾斜效果。选择"图层"|"图层样式"|"斜面和浮雕"命令，打开"图层样式"对话框，"斜面和浮雕"样式的各项参数如图9-63所示。

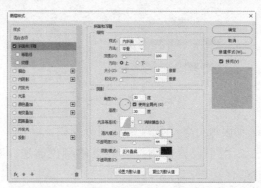

图9-63　"斜面和浮雕"样式的各项参数

- "样式"：用于选择斜面和浮雕的位置。其中："外斜面"选项可产生一种从图层图像的边缘向外侧呈斜面状的效果；"内斜面"选项可为图层图像的内边缘创建斜面的效果，如图9-64所示；"浮雕效果"选项可产生一种凸出于图像平面的效果，如图9-65所示；"枕状浮雕"选项可产生一种凹陷于图像内部的效果，如图9-66所示；"描边浮雕"选项可将浮雕效果应用于图层图像的边界。

图9-64　内斜面样式　　　　　　　图9-65　浮雕效果　　　　　　　图9-66　枕状浮雕效果

- "方法"：用于设置斜面和浮雕的雕刻方式。其中："平滑"选项可产生一种平滑的浮雕效果；"雕刻清晰"选项可产生一种硬的雕刻效果；"雕刻柔和"选项可产生一种柔和的雕刻效果。
- "深度"：用于设置斜面和浮雕效果的深浅程度，值越大，斜面和浮雕效果越明显。
- "方向"：选中"上"单选按钮，表示高光区在上，阴影区在下；选中"下"单选按钮，表示高光区在下，阴影区在上。
- "高度"：用于设置光源的高度。
- "高光模式"：用于设置高光区域的混合模式。单击右侧的色块可设置高光区域的颜色，"不透明度"用于设置高光区域的不透明度。
- "阴影模式"：用于设置阴影区域的混合模式。单击右侧的色块可设置阴影区域的颜色，下侧的"不透明度"用于设置阴影区域的不透明度。

在"图层样式"对话框左侧的"样式"列表框中，选中"斜面和浮雕"样式下方的"等高线"复选框，在右侧的"等高线"选项区域单击"等高线"右侧的三角形按钮，在打开的面板中选择一种曲线样式，如图9-67所示，即可得到等高线效果，如图9-68所示。

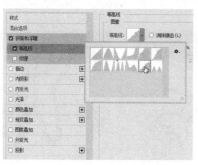

图 9-67 设置等高线样式

图 9-68 等高线效果

同理，选中"斜面和浮雕"样式下方的"纹理"复选框，在右侧的"纹理"选项区域单击"纹理"右侧的三角形按钮，可以在打开的面板中选择一种纹理样式，然后设置纹理的缩放比例和深度比例，如图9-69所示，效果如图9-70所示。

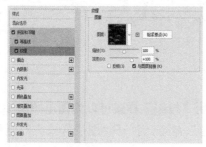

图 9-69 设置纹理样式

图 9-70 纹理效果

2. "描边"样式

通过"描边"样式，可使用颜色、渐变色或图案为图像制作轮廓效果，这种图层样式适用于处理边缘效果较为清晰的形状。选择"图层"|"图层样式"|"描边"命令，打开"图层样式"对话框，用户可在其中设置"描边"样式，如图9-71所示。

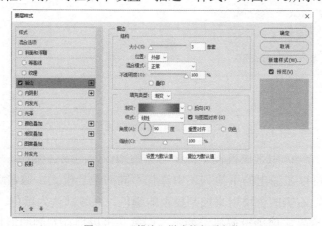

图 9-71 "描边"样式的各项参数

在"填充类型"下拉列表中可以选择描边对象，包括为颜色描边、为渐变描边和为图案描边。图9-72所示是使用颜色描边的效果；图9-73所示是使用渐变描边的效果；图9-74

所示是使用图案描边的效果。

图 9-72　颜色描边

图 9-73　渐变描边

图 9-74　图案描边

❖ **注意：**

选择"编辑"|"填充"命令，打开"填充"对话框，"内容"下拉列表中的"图案"设置与"图层样式"对话框中的"图案"设置一样。

3. "投影"样式

"投影"是图层样式中最常用的一种，应用"投影"样式可以为图层图像添加类似影子的效果。选择"图层"|"图层样式"|"投影"命令，打开"图层样式"对话框，用户可在其中设置"投影"样式，如图9-75所示。

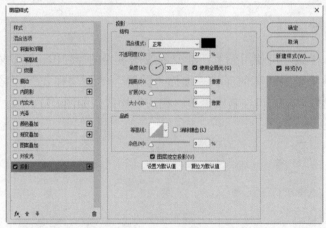

图 9-75　"投影"样式的各项参数

○ "混合模式"：用来设置投影图像与原始图像间的混合模式。单击后面的小三角按钮，可以在弹出的下拉列表中选择不同的混合模式，通常默认模式产生的效果最理想。右侧的色块用来控制投影的颜色，系统默认为黑色。

○ "不透明度"：用来设置投影的不透明度，可以拖动右侧的滑块或直接输入数值进行精确设置，图9-76所示为设置透明度为50%时的效果，图9-77所示为设置透明度为100%时的效果。

图 9-76　透明度为 50%

图 9-77　透明度为 100%

- ◯ "角度"：用来设置光照的方向，投影将在相对的方向出现。
- ◯ "使用全局光"：选中该复选框后，图像中的所有图层都将使用相同的光线照入角度。
- ◯ "距离"：设置投影与原始图像间的距离，值越大，距离越远。图9-78所示为设置"距离"为15像素时的效果，图9-79所示为设置距离为100像素时的效果。

图 9-78　距离为 15 像素

图 9-79　距离为 100 像素

- ◯ "扩展"：设置投影的扩散程度，值越大，扩散越厉害。
- ◯ "大小"：用于调整阴影的模糊程度，值越大，阴影越模糊。
- ◯ "等高线"：用来设置投影的轮廓。单击"等高线"右侧的三角形按钮，在弹出的面板中可以选择一种等高线样式，如图9-80所示；单击"等高线"缩览图，打开"等高线编辑器"对话框，用户可以自定义等高线样式，如图9-81所示。
- ◯ "消除锯齿"：选中该复选框后，可以消除投影边缘的锯齿。
- ◯ "杂色"：用于设置是否使用噪声点对投影进行填充。

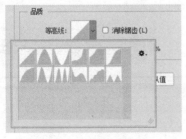

图 9-80　选择等高线样式

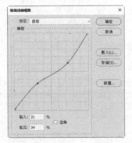

图 9-81　自定义等高线样式

4. "内阴影"样式

"内阴影"样式可以为图层图像添加阴影效果，也就是沿图像边缘向内产生投影效果，使图像产生一定的立体感和凹陷感。

"内阴影"样式的设置方法与"投影"样式相同，为图像添加内阴影后的效果如图9-82所示。

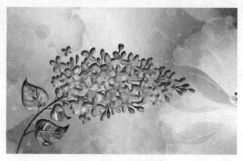

图 9-82　内阴影效果

5. "外发光"样式

Photoshop在图层样式中提供了两种光照样式："外发光"样式和"内发光"样式。使用"外发光"样式，可以为图像添加从图层外边缘发光的效果。

【练习9-2】为图像添加外发光效果

01 打开"素材\第9章\风景.jpg"素材图像，选择圆角矩形工具，在属性栏中设置"半径"为30像素，在图像中绘制一个圆角矩形，如图9-83所示。

02 按Ctrl+Enter组合键，将路径转换为选区。新建一个图层，设置前景色为白色，按Alt+Enter组合键填充选区，如图9-84所示。

图 9-83　绘制一个圆角矩形

图 9-84　填充选区

03 在"图层"面板中设置"填充"为0。选择"图层"|"图层样式"|"外发光"命令，打开"图层样式"对话框，单击色块 ⊙□，设置外发光颜色为白色，其余设置如图9-85所示，得到的效果如图9-86所示。

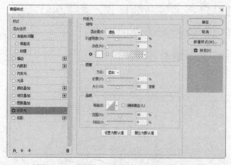

图 9-85　设置"外发光"样式的参数

图 9-86　外发光效果

在图9-85中，各个选项或按钮的作用分别如下。

- ⊙□：选中该单选按钮后，单击色块将打开"拾色器"对话框，可在其中选择一种颜色。

- ⊙▨：选中该单选按钮后，单击渐变条，可以在打开的对话框中自定义渐变色或从下拉列表中选择一种渐变色作为发光色。

○ "方法"：用于设置要对外发光效果应用的柔和技术，可以选择"柔和"或"精确"选项。

○ "范围"：用于设置图像外发光的轮廓范围。

○ "抖动"：用于改变渐变色和不透明度的应用。

04 在"外发光"样式中同样可以设置等高线，单击"等高线"缩览图，打开"等高线编辑器"对话框，可在其中调整曲线，如图9-87所示。

05 单击"确定"按钮，调整完等高线后的图像外发光效果如图9-88所示。

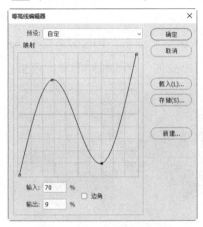

图 9-87　调整曲线

图 9-88　调整完等高线后的图像外发光效果

❖ 注意：

在"图层样式"对话框中，可以为多种图层样式设置等高线。用户可以根据需要调整不同的设置，实现各种特殊图像效果。

6. "内发光"样式

"内发光"样式与"外发光"样式刚好相反，用于在图层内容的边缘以内添加发光效果。"内发光"样式的设置方法与"外发光"样式相同，为图像设置完"内发光"样式后的效果如图9-89所示。

7. "光泽"样式

通过为图层添加"光泽"样式，可以在图像的表面添加一层反射光效果，使图像产生类似绸缎的感觉。

图 9-89　内发光效果

打开"图层样式"对话框，选择"光泽"样式，设置各个参数，如图9-90所示。添加"光泽"样式前后的图像对比效果如图9-91所示。

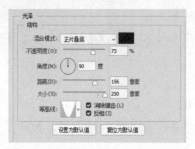

图 9-90　设置"光泽"样式的各项参数　　　图 9-91　添加"光泽"样式前后的图像对比效果

8. "颜色叠加"样式

"颜色叠加"样式用于为图层中的图像内容叠加覆盖一层颜色。图9-92显示了"颜色叠加"样式的各项参数，图9-93展示了为图像添加"颜色叠加"样式前后的对比效果。

图 9-92　"颜色叠加"样式的各项参数　　　图 9-93　添加"颜色叠加"样式前后的图像对比效果

9. "渐变叠加"样式

"渐变叠加"样式的作用是使用一种渐变色覆盖在图像的表面。选择"图层"|"图层样式"|"渐变叠加"命令，对"渐变叠加"样式的各项参数进行设置，如图9-94所示。在添加了"渐变叠加"样式后，得到的渐变叠加效果如图9-95所示。

图 9-94　"渐变叠加"样式的各项参数　　　图 9-95　添加"渐变叠加"样式前后的图像对比效果

在图9-94中，主要选项的作用分别如下。

- "渐变"：用于选择渐变的颜色，与渐变工具中的相应选项完全相同。
- "样式"：用于选择渐变的样式，包括"线性""径向""角度""对称""菱形"5个选项。
- "缩放"：用于设置渐变色之间的融合程度，数值越小，融合度越低。

10. "图案叠加"样式

"图案叠加"样式的作用是使用一种图案覆盖在图像的表面。选择"图层"|"图层样式"|"图案叠加"命令，对"图案叠加"样式的各项参数进行设置，如图9-96所示。在添加了"图案叠加"样式后，得到的图案叠加效果如图9-97所示。

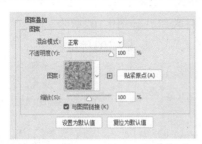

图 9-96 "图案叠加"样式的各项参数

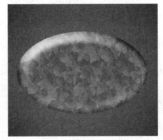

图 9-97 图案叠加效果

❖ 注意：

在设置"图案叠加"样式的各项参数时，在"图案"下拉列表中可以选择叠加的图案样式。"缩放"选项则用于设置填充图案的纹理大小，值越大，纹理越大。

9.4.2 使用"样式"面板

Photoshop自带了多种预设样式，这些样式都集中在"样式"面板中。选择"窗口"|"样式"命令，即可打开"样式"面板，如图9-98所示。

图 9-98 "样式"面板

【练习9-3】为图像添加样式

01 打开"素材\第9章\彩色背景.psd"素材图像，选择自定形状工具，在属性栏中设置工具模式为"路径"，然后打开"形状"面板，选择"汽车2"形状，如图9-99所示。

02 在图像中按住鼠标拖动，绘制汽车图形，按Ctrl+Enter组合键将路径转换为选区，新建一个图层，将选区填充为黑色，如图9-100所示。

图 9-99 选择形状

图 9-100 绘制汽车图形

❖ 注意：

在Photoshop 2020中可以载入旧版Photoshop中的形状，具体操作将在第11章中进行详细讲解。

03 选择"窗口"|"样式"命令，打开"样式"面板，在其中可以看到多个预设样式组，如图9-101所示。展开"旧版样式及其他"样式组，如图9-102所示。

04 再展开"所有旧版默认样式"|"Web样式"，如图9-103所示。

图9-101　"样式"面板

图9-102　展开样式组

图9-103　展开 Web 样式

05 在"样式"面板中单击"带投影的紫色凝胶"样式，如图9-104所示，即可为图像添加这种样式，"图层"面板中也将显示相应的图层样式，图像效果如图9-105所示。

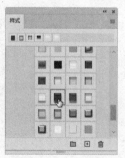

图9-104　单击选择样式

图9-105　图像效果

06 选择横排文字工具，在汽车图像中输入文字，填充为橘黄色(R230,G94,B34)。然后选择"图层"|"栅格化"|"文字"命令，将文字图层转换为普通图层，如图9-106所示。

07 选择"图层"|"图层样式"|"描边"命令，打开"图层样式"对话框，设置描边大小为3像素，颜色为深红色，其他设置如图9-107所示。

图9-106　输入文字

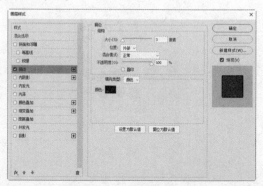

图9-107　设置描边样式

08 单击"确定"按钮，得到文字的描边效果，如图9-108所示。

09 单击"样式"面板右上方的 ▤ 按钮，在弹出的菜单中选择"新建样式预设"命令，在打开的对话框中设置样式名称，如图9-109所示。单击"确定"按钮，即可将创建的图层样式存储到"样式"面板中，便于随时调用。

图 9-108　文字的描边效果

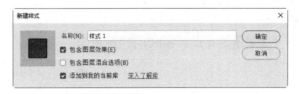

图 9-109　新建预设样式

> ❖ **注意：**
>
> 新建的图层样式将自动保存到"样式"面板的底部。

9.5　管理图层样式

用户在为图像添加了图层样式后，可以对图层样式进行查看，对已经添加的图层样式进行编辑，还可以清除不需要的图层样式。

9.5.1　展开和折叠图层样式

在为图像添加图层样式后，在"图层"面板中，图层名的右侧将会出现 *fx* 图标，通过这个图标可以对图层样式进行展开和折叠，以方便用户对图层样式进行管理，如图9-110和图9-111所示。

图 9-110　展开图层样式

图 9-111　折叠图层样式

9.5.2 复制与删除图层样式

在绘制图像时，有时需要对不同的图像应用相同的图层样式。这时，用户可以复制已经设置好的图层样式，然后粘贴到其他图层中。一些多余的图层样式，可以进行删除处理。

【练习9-4】对文字复制和删除图层样式

01 打开"素材\第9章\金属字.psd"素材图像，如图9-112所示，在"图层"面板中可以看到图层1带有图层样式。

02 在"图层"面板中选择图层1，右击，在弹出的菜单中选择"拷贝图层样式"命令，即可复制图层样式，如图9-113所示。

图9-112 带有图层样式的素材图像

图9-113 复制图层样式

03 选择图层2，右击，在弹出的菜单中选择"粘贴图层样式"命令，即可将复制的图层样式粘贴到图层2中，如图9-114所示。

04 按Ctrl+Z组合键后退一步操作。将光标放到图层1下方的"效果"中，按下Alt键的同时按住鼠标左键，将这种样式直接拖动到图层2中，如图9-115所示，这样也可以得到复制的图层样式，图像效果如图9-116所示。

图9-114 粘贴图层样式

图9-115 拖动图层样式

图9-116 图像效果

05 对于多余的图层样式，可以进行删除。选择"图层"|"图层样式"|"清除图层样式"命令，如图9-117所示，可以清除所有图层样式。

06 如果要清除某一图层样式，可以首先选择图层中的这种样式，如"斜面和浮雕"样式，然后按住鼠标左键，将这种样式拖动到"图层"面板底部的"删除图层"按钮 🗑

上，从而直接删除这种图层样式，如图9-118所示。

图9-117 清除多余的图层样式

图9-118 删除某一图层样式

9.5.3 栅格化图层样式

对于包含图层样式的图层，它们在使用一些命令或工具时会受到限制，这时可以使用"栅格化"命令将它们转换为普通图层再进行操作。

选择带有图层样式的图层1，如图9-119所示。选择"图层"|"栅格化"|"图层样式"命令，即可将图层1转换为普通图层，如图9-120所示，但图像依然保持添加图层样式后的效果。

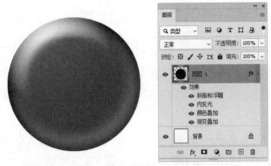

图9-119 选择带有图层样式的图层1

图9-120 栅格化图层样式

❖ 注意：

在"栅格化"命令的子菜单中，还可以对文字图层、矢量图层等进行栅格化处理。在将这些图层转换为普通图层后，才能对它们应用画笔工具、"滤镜"命令等。

9.5.4 缩放图层样式

用户在为图像添加图层样式后，可以使用"缩放效果"命令对图层效果进行整体的缩放调整，使图像效果更好。

选择"图层"|"图层样式"|"缩放效果"命令，打开"缩放图层效果"对话框。用户可以直接在"缩放"后面的数值框中输入数值进行调整，如图9-121所示；也可以单击按钮，通过拖动下方的三角形滑块调整缩放参数，如图9-122所示。

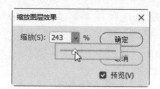

图 9-121　设置参数　　　　　　　　图 9-122　拖动滑块

9.5.5　课堂案例——制作霓虹文字

下面制作霓虹文字，练习图层样式的使用和图层混合模式的设置，案例效果如图9-123所示。

图 9-123　案例效果

案例分析

本案例制作的是特效文字。我们首先需要输入一种具有镂空效果的文字；然后对文字应用图层样式，绘制彩色图像，并通过设置图层混合模式制作彩色图像背景；最后绘制一些白色光点，得到霓虹文字效果。

操作步骤

01 新建一幅图像，将背景色填充为黑色。选择横排文字工具，在图像中输入文字Rhythm，并在属性栏中设置字体为Swis721 BlkOul BT，效果如图9-124所示。

02 选择"窗口"|"字符"命令，打开"字符"面板，单击"仿斜体"按钮，得到倾斜的文字效果，如图9-125所示。

图 9-124　输入文字

图 9-125　设置倾斜文字

03 选择"图层"|"图层样式"|"外发光"命令，打开"图层样式"对话框，设置外发光颜色为紫红色(R255,G0,B186)，其他参数设置如图9-126所示。

04 单击"确定"按钮，得到文字的外发光效果，如图9-127所示。

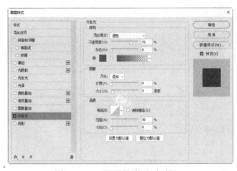

图9-126 设置外发光参数

图9-127 外发光效果

05 按Ctrl+J组合键复制一次文字图层，得到文字的副本。选择"编辑"|"变换"|"垂直翻转"命令，得到翻转的文字效果，然后将翻转的文字放到原有文字的下方，如图9-128所示。

06 在"图层"面板中选择复制的文字图层，右击，在弹出的菜单中选择"栅格化图层样式"命令，如图9-129所示，将图层样式转换为普通图层。

图9-128 翻转文字

图9-129 栅格化图层样式

07 选择"滤镜"|"模糊"|"高斯模糊"命令，打开"高斯模糊"对话框，设置模糊"半径"为5像素，如图9-130所示。

08 单击"确定"按钮，得到文字的模糊效果，如图9-131所示。

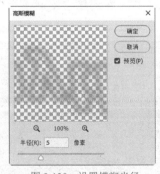

图9-130 设置模糊半径

图9-131 模糊效果

09 选择涂抹工具，在属性栏中设置画笔大小为40像素、"强度"为50，对模糊文字的周围进行适当的涂抹，如图9-132所示。

10 选择"图层"|"图层样式"|"内发光"命令,打开"图层样式"对话框,设置内发光颜色为紫红色(R255,G0,B186),其他参数设置如图9-133所示。

图9-132　涂抹文字

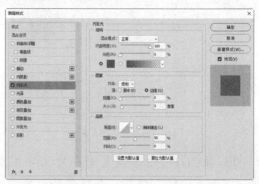

图9-133　设置内发光参数

11 在"图层样式"对话框中选择"外发光"样式,设置外发光颜色为白色,其他参数设置如图9-134所示。

12 单击"确定"按钮,得到发光图像效果,如图9-135所示。

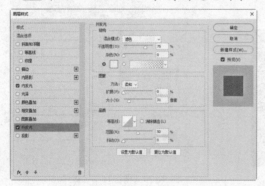

图9-134　设置外发光参数

图9-135　发光图像效果

13 在"图层"面板中适当降低模糊文字的不透明度,设置参数为52%,效果如图9-136所示。

14 新建一个图层,设置前景色为白色,选择画笔工具,在图像中绘制多个不同大小的白色圆点,如图9-137所示。

图9-136　降低文字的不透明度

图9-137　绘制白色圆点

15 选择画笔工具,在属性栏中设置画笔为50像素的柔角画笔,分别使用淡紫色和浅灰色在文字的周围绘制柔光圆点图像,效果如图9-138所示。

16 新建一个图层，选择渐变工具，设置从蓝色(R18,G0,B255)到紫色(R251,G81,B249)，再到蓝色(R18,G0,B255)进行渐变，如图9-139所示。

图9-138 绘制图像

图9-139 设置渐变

17 单击"确定"按钮，为图像从上到下应用线性渐变填充，得到渐变填充图像，如图9-140所示。

18 设置图层的混合模式为"叠加"，得到彩色的图像效果，如图9-141所示。

图9-140 渐变填充图像

图9-141 最终效果

9.6 思考与练习

1. 选择需要编组的图层，按_____组合键可以对这些图层进行编组。

    A. Ctrl+N   B. Ctrl+G   C. Ctrl+I   D. Shift+N

2. _____模式会随机消除图像的部分像素，消除的部分可以显示下一层图像，从而形成两层图像相互交融的效果，可配合不透明度来使溶解效果更加明显。

    A. 溶解   B. 强光   C. 正片叠底   D. 线性光

3. _____模式可以产生比当前图层和底部图层更暗的颜色。

    A. 溶解   B. 强光   C. 正片叠底   D. 线性光

4. _____模式能够增强当前图层与下方图层之间的对比度，使图层的亮度降低、色彩加深，与白色混合后不产生变化。

  A. 柔光   B. 叠加   C. 颜色加深   D. 线性光

5. _____模式用于混合或过滤颜色，最终效果取决于基色。图案或颜色将在现有像素上叠加，同时保留基色的明暗对比。

  A. 柔光   B. 叠加   C. 颜色加深   D. 线性光

6. _____模式能够产生一种柔和光线照射的效果，亮度高的区域更亮，暗调区域更暗，从而使反差增大。

  A. 柔光   B. 亮光   C. 强光   D. 线性光

7. _____模式能够产生一种强烈光线照射的效果。在这种模式下，可根据当前图层的颜色使底部图层的颜色更为浓重或浅淡，具体取决于当前图层的颜色亮度。

  A. 柔光   B. 亮光   C. 强光   D. 线性光

8. _____模式能够通过增加或减小对比度来加深或减淡颜色，具体取决于混合色。

  A. 柔光   B. 亮光   C. 强光   D. 线性光

9. _____样式可使图层图像产生立体的倾斜效果。

  A. 描边   B. 斜面和浮雕 C. 内阴影   D. 外发光

10. _____样式能让你使用颜色、渐变色或图案为图像制作轮廓效果，这种样式适用于处理边缘效果较为清晰的形状。

  A. 描边   B. 斜面和浮雕 C. 内阴影   D. 外发光

11. _____样式可以为图层图像添加阴影效果，也就是沿图像边缘向内产生投影效果，使图像产生一定的立体感和凹陷感。

  A. 投影   B. 光泽   C. 内阴影   D. 外发光

12. _____样式可以在图像的表面添加一层反射光效果，使图像产生类似绸缎的感觉。

  A. 投影   B. 光泽   C. 内阴影   D. 外发光

13. 在"图层"面板中设置图层的不透明度会产生什么效果？

14. 栅格化图层样式的作用是什么？如何栅格化图层样式？

第10章

绘制与修饰图像

本章介绍图像的绘制与修饰，通过图像绘制功能，用户可以绘制出需要的图像，对图像进行适当的修饰，从而使图像更美观、更具感染力。

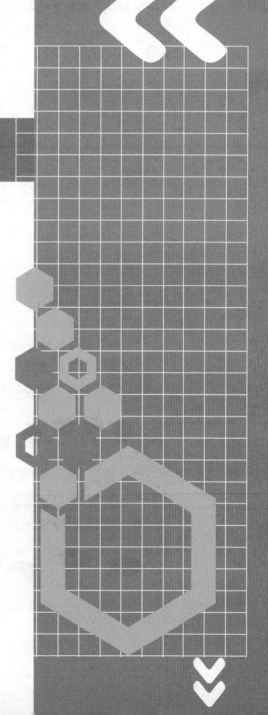

10.1　应用绘图工具

在图像处理过程中，用户可以使用工具箱中的画笔工具绘制边缘柔和的线条图像，也可以绘制具有特殊形状的线条图像。

10.1.1　认识"画笔设置"面板

"画笔设置"面板是绘制图像时非常重要的面板之一，通过该面板可以设置绘图工具与修饰工具的画笔大小、笔刷样式和硬度等属性。选择"窗口"|"画笔设置"命令或按F5功能键，即可打开"画笔设置"面板，如图10-1所示。

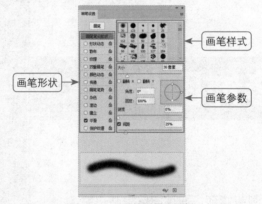

图 10-1　"画笔设置"面板

打开"画笔设置"面板后，默认将进入"画笔笔尖形状"选项区域。在"画笔设置"面板中可以设置画笔的形状、样式、大小、硬度和间距等。

○　"大小"用来控制画笔的尺寸，直接输入数值或拖动下方滑块，即可进行设置。

○　"硬度"用来设置画笔的边缘晕化程度。值越大，画笔边缘越清晰；值越小，画笔边缘越柔和。图10-2展示了硬度分别为70%和25%时的画笔效果。

图 10-2　硬度分别为 70% 和 25% 时的画笔效果

○　"角度"用来设置画笔的旋转角度，值越大，旋转效果越明显。图10-3展示了角度分别为0度和90度时的画笔效果。

图 10-3　角度分别为 0 度和 90 度时的画笔效果

○ "圆度"用来设置画笔垂直方向和水平方向的比例关系，值越大，画笔越圆。图10-4展示了圆度分别为70%和10%时的画笔效果。

图 10-4　圆度分别为 70% 和 10% 时的画笔效果

○ "间距"用来设置连续运用画笔工具绘制时，产生的前后两个画笔之间的距离，值越大，间距越大。图10-5展示了间距分别为100%和140%时的画笔效果。

图 10-5　间距分别为 100% 和 140% 的画笔效果

○ 画笔的翻转分为水平翻转和垂直翻转两种，分别对应"翻转X"和"翻转Y"复选框，树叶状的画笔垂直翻转前后的对比效果如图10-6所示。

图 10-6　垂直翻转前后的树叶状画笔

❖ 注意：

设置好画笔的笔尖形状后，还可以做进一步的设置，从而得到更加丰富的画笔效果。

【练习10-1】通过画笔样式绘制光点图像

01 打开"素材\第10章\薰衣草.jpg"素材图像，在工具箱中选择画笔工具，然后按F5功能键打开"画笔设置"面板，如图10-7所示。下面将为这幅图像添加朦胧的光点效果。

02 在画笔样式中选择"柔角60"，设置"间距"为80%，其他参数保持不变，这时可在"画笔设置"面板底部的缩览图中观察画笔的变化，如图10-8所示。

图 10-7　打开素材图像和"画笔设置"面板

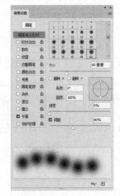

图 10-8　设置画笔的样式、大小和间距

03 选择"形状动态"选项，调整"大小抖动"为100%，如图10-9所示。再选中"散布"复选框，选中"两轴"复选框，设置参数为1000%，设置"数量"为2，如图10-10所示。可以在"画笔设置"面板底部的缩览图中预览设置的画笔样式。

04 设置前景色为白色，在图像的左上方和右下方按住鼠标左键拖动，即可绘制出光点，图像效果如图10-11所示。

图 10-9　设置"形状动态"效果　　图 10-10　设置"散布"效果　　图 10-11　图像效果

10.1.2　画笔工具

在使用画笔工具绘制图像的过程中，可以通过各种方式设置画笔的大小、样式、模式、透明度、硬度等。选择工具箱中的画笔工具 后，属性栏如图10-12所示。

图 10-12　画笔工具的属性栏

图10-12中常用选项的作用分别如下。

○ 画笔下拉面板：单击画笔图标右侧的下拉按钮，可以打开画笔下拉面板，从中可以选择画笔的笔尖类型，设置画笔的大小和硬度参数，如图10-13所示。

○ "画笔设置"面板切换按钮 ：单击该按钮，可以打开"画笔设置"面板。

○ "模式"下拉列表：从中可以选择画笔笔迹颜色与下方像素的混合模式，如图10-14所示。

○ "不透明度"：用于设置画笔颜色的不透明度，数值越大，不透明度越高。

○ "流量"：用于设置画笔工具的压力大小，百分比越大，画笔笔触越浓。

○ 喷枪启用按钮 ：单击该按钮后，画笔工具将以喷枪的效果进行绘图。

图 10-13 画笔下拉面板　　　　　　　　　　图 10-14 "模式"下拉列表

10.1.3 铅笔工具

铅笔工具 的使用方法与现实生活中使用铅笔绘图一样，但绘制出的线条效果比较生硬，主要用于直线和曲线的绘制，其操作方式与画笔工具相同，不同之处在于铅笔工具的属性栏中多了"自动抹除"复选框，如图10-15所示。

图 10-15 铅笔工具的属性栏

选中"自动抹除"复选框，铅笔工具将具有擦除功能，在绘制过程中，当笔头经过与前景色一致的图像区域时，将自动擦除前景色而填入背景色。

10.1.4 颜色替换工具

颜色替换工具 能够校正目标颜色，并对图像中特定的颜色进行替换。颜色替换工具不能用于位图、索引和多通道模式的图像。在工具箱中右击画笔工具，在展开的工具组中选择颜色替换工具后，属性栏如图10-16所示。

图 10-16 颜色替换工具的属性栏

图10-16中常用选项的作用分别如下。

- ○ "模式"下拉列表：其中提供了4种混合模式，分别是"色相""饱和度""颜色""明度"，通过设置不同的模式可以改变替换的颜色与背景色之间的效果。
- ○ 取样方式 ：颜色替换工具提供了3种取样方式，分别是"连续""一次"和"背景色板"。"连续"表示拖动时对图像连续取样；"一次"表示只替换第一次单击颜色时所在区域的目标颜色；"背景色板"表示只涂抹包含背景色的区域。

○ "限制"下拉列表：其中有3个选项，选择"连续"选项可以替换光标周围临近的颜色；选择"不连续"选项可以替换光标经过的任何颜色；选择"查找边缘"选项可以替换样本颜色周围的区域，同时保留图像边缘。

○ "容差"：可通过输入数值或拖动滑块调整容差，从而增减颜色范围。

10.1.5　混合器画笔工具

混合器画笔工具 是较为专业的绘画工具，除了可以绘制出更为细腻的效果图之外，还可以像在传统绘画过程中混合颜料那样混合像素。

选择混合器画笔工具 后，属性栏如图10-17所示，从中可以设置笔触的颜色、潮湿度和混合色等。

| 自定 | 潮湿: 80% | 载入: 75% | 混合: 90% | 流量: 100% | 10% | 0° | □ 对所有图层取样 |

图10-17　混合器画笔工具的属性栏

图10-17中常用选项的作用分别如下。

○ "潮湿"：设置画笔从画布拾取的油彩量，数值越高，绘画条痕将越长。

○ "载入"：设置画笔的油彩量。当数值较低时，绘画描边的干燥速度会更快。

○ "混合"：用于设置多种颜色的混合程度。

○ "流量"：用于控制混合画笔的流量大小。

○ "对所有图层取样"：选中该复选框后，所有图层可作为单独的合并图层看待。

【练习10-2】制作水彩画效果

01 打开"素材\第10章\枫叶.jpg"素材图像，按Ctrl+J组合键复制一次背景图像，得到图层1，如图10-18所示。

02 选择套索工具，在属性栏中设置"羽化"参数为20像素，选中黄色树叶，获取图像选区，如图10-19所示。

图10-18　复制素材图像

图10-19　绘制选区

03 设置前景色为浅黄色(R255,G208,B111)，选择混合器画笔工具 ，在属性栏中选择画笔样式为"样本笔尖"，设置"大小"为150像素，选择"湿润，深混合"模式，其他参数的设置如图10-20所示。

| 湿润,深混合 | 潮湿: 10% | 载入: 5% | 混合: 100% | 流量: 100% | 0% | 0° | □ 对所有图层取样 |

图10-20　设置画笔

04 使用设置好的画笔在选区中涂抹黄色树叶，如图10-21所示。

05 使用套索工具分别框选红色树叶和绿色树叶，得到另一个选区，将前景色设置为与树叶相近的颜色，使用混合器画笔工具在选区中涂抹出树叶的大致走向和轮廓，如图10-22所示。

图 10-21　涂抹黄色树叶　　　　　　　　图 10-22　涂抹图像的其他部分

06 在"图层"面板中选择背景图层，按Ctrl+J组合键复制背景图层，将副本放到"图层"面板的顶部，如图10-23所示。

07 选择"滤镜"|"滤镜库"命令，打开"滤镜库"对话框。选择"艺术效果"|"水彩"命令，设置"画笔细节""阴影强度""纹理"分别为9、1、1，如图10-24所示。

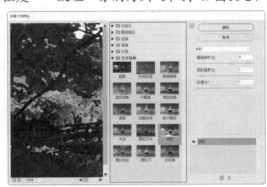

图 10-23　复制图层　　　　　　　　　图 10-24　添加滤镜

08 单击"确定"按钮，回到画面中，设置"背景 拷贝"图层的图层混合模式为"滤色"，如图10-25所示，得到水彩画效果，如图10-26所示。

图 10-25　设置图层混合模式　　　　　　图 10-26　水彩画效果

10.2　修复图像

人们拍摄的照片经常会有一些瑕疵，这就需要使用一些修复工具对照片进行处理。Photoshop为用户提供了一组专门用于修复图像缺陷的工具，分别是污点修复画笔工具 、修复画笔工具 、修补工具 、内容感知移动工具 和红眼工具 ，这些工具使你能够方便快捷地修复照片中的瑕疵。

10.2.1　污点修复画笔工具

使用污点修复画笔工具 可以消除图像中的污点。污点修复画笔工具不需要指定基准点，就能自动从想要修饰的区域的周围对像素进行取样。

使用鼠标右击工具箱中的"修复工具组"按钮，在弹出的工具列表中选择污点修复画笔工具 后，属性栏如图10-27所示。

图 10-27　污点修复画笔工具的属性栏

图10-27中常用选项的作用分别如下。

- "画笔"下拉面板：用于设置画笔的大小和样式等。
- "模式"下拉列表：用于设置修饰图像时使用的混合模式，其中包括"正常""正片叠底""替换"等共计8种模式。
- "类型"下拉列表：用于设置修复方法。单击"近似匹配"按钮，将使用被修复图像区域周围的像素来进行修复；单击"创建纹理"按钮，将使用被修复图像区域内的像素来创建修复纹理，并使修复纹理与周围纹理协调。

【练习10-3】修复面部肌肤

01 打开"素材\第10章\雀斑少女.jpg"素材图像，可以看到人物面部有明显的雀斑，如图10-28所示。

02 选择污点修复画笔工具 ，在属性栏中设置画笔大小为50像素，在人物面部有雀斑的地方单击并拖动鼠标，即可自动对图像进行修复，如图10-29所示。

03 适当缩小画笔，对没有修复的雀斑单击并拖动鼠标，完成修复，效果如图10-30所示。

图 10-28　原始图像

图 10-29　修复图像

图 10-30　完成修复

10.2.2 修复画笔工具

使用修复画笔工具 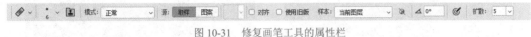（此处为图标）除了可以通过图形图像中的样本像素来绘画以外，还可以对样本像素的纹理、光照、透明度和阴影与将要修复的像素进行匹配，从而使修复后的像素自然融入图形图像。

在工具箱中选择修复画笔工具后，属性栏如图10-31所示。

图 10-31 修复画笔工具的属性栏

图10-31中常用选项的作用分别如下。

○ "源"：单击"取样"按钮，按住Alt键的同时在想要取样的图像中单击即可使用当前图像中的像素修复图像；单击"图案"按钮，可以从右侧的"图案"下拉面板中选择图案来修复图像。

○ "对齐"：选中该复选框后，可以连续对像素进行取样，即使操作多次，复制出来的图像也仍然是同一幅图像；若取消选中该复选框，则会在每次停止并重新开始绘制时使用初始取样点中的样本像素。

【练习10-4】修复眼角细纹

01 打开"素材\第10章\眼睛.jpg"素材图像，在工具箱中选择修复画笔工具，在属性栏中设置画笔大小为80像素，单击"取样"按钮，按住Alt键的同时单击眼睛左侧没有皱纹的地方，得到取样图像，如图10-32所示。

02 取样后松开Alt键，在眼角处有皱纹的地方单击并拖动鼠标进行修复，如图10-33所示。

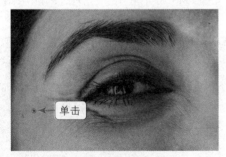

图 10-32 得到取样图像

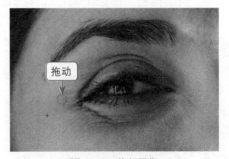

图 10-33 修复图像

03 继续对眼角周围的部位进行取样，然后在有皱纹的地方单击并拖动鼠标，在修复过程中可以适当调整画笔大小，修复完成后的效果如图10-34所示。

10.2.3 修补工具

使用修补工具 可以利用样本或图案来修复所选图像区域内不理想的部分。使用修补工具之前必须建立选区，进而在选区范围内修补图像。图像修补前后的对比

图 10-34 修复效果

效果如图10-35和图10-36所示。

图 10-35 原始图像

图 10-36 修复后的图像

在工具箱中选择修补工具 ● 后，属性栏如图10-37所示。

图 10-37 修补工具的属性栏

图10-37中常用选项的作用分别如下。

- ❑ "修补"：如果用户从右侧的下拉列表中选择"源"选项，那么可以在创建选区后，将选区拖动到要修补的区域，在修补区域内显示移动后所选区域的图像，如图10-38所示；如果选择"目标"选项，那么修补区域内的图像在被移动后，将使用选区内的图像进行覆盖，如图10-39所示。
- ❑ "透明"：选中该复选框后，便可以为图像应用透明的图案。
- ❑ "使用图案"：这个按钮在你为图像建立了选区后才可用。在选区中应用图案样式后，可以保留图像原来的质感。

图 10-38 显示所选区域内的图像

图 10-39 显示原有选区内的图像

❖ **注意：**

在使用修补工具创建选区时，操作方式与套索工具一样。此外，还可以通过矩形选框工具和椭圆选框工具在图像中创建选区，然后使用修补工具进行修复。

10.2.4　内容感知移动工具

使用内容感知移动工具可以创建选区，并通过移动选区，对选区内的图像进行复制，原来的图像则被扩展以与背景图像自然融合。内容感知移动工具的属性栏与修补工具的属性栏相似，使用方法也相似。

在工具箱中选择内容感知移动工具，在图像中绘制选区，然后移动选区内的图像到指定的位置，这时Photoshop会自动将移动后的选区内的图像与周围的图像融合在一起，而原来的图像区域则会进行智能填充，效果如图10-40～图10-43所示。

图 10-40　原始图像　　　　图 10-41　移动图像　　　　图 10-42　"移动"模式　　　　图 10-43　"扩展"模式

10.2.5　红眼工具

使用红眼工具可以移除使用闪光灯拍摄的人物照片中的红眼效果，还可以移除动物照片中的白色或绿色反光，但是对"位图""索引颜色""多通道"颜色模式的图像不起作用。

【练习10-5】消除人物红眼

01 打开"素材\第10章\可爱婴儿.jpg"素材图像，如图10-44所示。在工具箱中选择红眼工具，在属性栏中设置"瞳孔大小"和"变暗量"都为50%，如图10-45所示。

图 10-44　素材图像

图 10-45　红眼工具的属性栏

02 使用红眼工具框选一只红眼，如图10-46所示，释放鼠标后即可修复红眼，然后使用同样的方法修复另一只红眼，效果如图10-47所示。

图 10-46　框选红眼

图 10-47　修复效果

10.2.6　课堂案例——制作魔法双胞胎

下面制作一幅魔法双胞胎图像，主要练习画笔工具和修补工具的使用，案例效果如图10-48所示。

图 10-48　案例效果

案例分析

本案例首先使用画笔工具，绘制出天空中的白色星点图像。然后通过修补工具，复制人物图像，得到双胞胎图像效果。在修补过程中，通过设置属性栏，可以删除南瓜图像，也可以复制人物图像。

操作步骤

01 选择"文件"|"打开"命令，打开"素材\第10章\南瓜小孩.jpg"素材图像，如图10-49所示。

02 选择画笔工具，在属性栏中单击"切换画笔面板"按钮，打开"画笔设置"面板。先设置画笔的样式为"柔角"，再设置画笔的"大小"为26像素、"间距"为424%，如图10-50所示。

03 选中"画笔设置"面板左侧的"形状动态"复选框，设置"大小抖动"参数为100%，如图10-51所示。

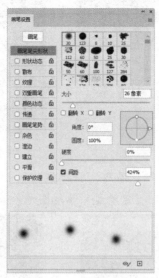

图 10-49 素材图像　　　　　图 10-50 设置画笔　　　　图 10-51 设置形状动态效果

04 选中"画笔设置"面板在侧的"散布"复选框，设置"散布"参数为1000%、"数量"参数为1，如图10-52所示。

05 设置前景色为白色，新建一个图层，使用画笔工具在图像的上方绘制出大小不一的白色星点效果，如图10-53所示。

图 10-52 设置散布效果　　　　　　图 10-53 绘制白色星点效果

06 在"图层"面板中设置图层混合模式为"叠加"，如图10-54所示。

07 选择背景图层，在工具箱中选择修补工具 ，在画面右侧的南瓜图像的周围绘制选区，如图10-55所示。

图 10-54　设置图层混合模式

图 10-55　绘制选区

08 单击属性栏中的"源"按钮，将选区内的图像拖动到画面右侧的草地中，如图10-56所示。释放鼠标后，即可自动复制草地图像，如图10-57所示。

图 10-56　移动选区内的图像

图 10-57　复制的草地图像

09 在工具箱中选择修复画笔工具 ，对复制的草地图像边缘不太自然的部位进行修饰。按住Alt键单击复制的草地图像，如图10-58所示。然后在想要修复的部位涂抹，如图10-59所示。

图 10-58　单击复制的草地图像

图 10-59　修复效果

10 在工具箱中选择修补工具，对小女孩图像进行勾选，获取人物图像选区，如图10-60所示。

11 在属性栏中单击"目标"按钮，使用鼠标按住选区内的图像向画面右下方拖动，如图10-61所示。

12 释放鼠标后，按Ctrl+D组合键取消选区，得到复制的小女孩图像，如图10-62所示。

图 10-60 获取人物图像选区　　　　　　图 10-61 复制并拖动人物图像

图 10-62 完成效果

10.3 修饰图像

Photoshop提供了多种图像修饰工具，它们能使图像更加完美，更富有艺术性。常用的图像修饰工具都位于工具箱中，包括模糊工具、锐化工具、减淡工具、加深工具、涂抹工具、海绵工具等。

10.3.1 模糊工具和锐化工具

利用模糊工具 ◊ 可以柔化图像，使用模糊工具在图像中绘制的次数越多，图像就越模糊。利用"锐化工具" △ 可以增大图像的色彩反差，作用与模糊工具 ◊ 刚好相反，反复涂抹同一区域会造成图像失真。

在工具箱中选择模糊工具 ◊ 后，属性栏如图10-63所示。锐化工具的属性栏与模糊工具的属性栏基本相同。

图 10-63 模糊工具的属性栏

图10-63中常用选项的作用分别如下。

○ "画笔"：用于设置涂抹图像时的画笔大小，与画笔工具的使用方法一致。

○ "模式"：用于选择涂抹图像的模式。

○ "强度"：用于设置模糊的压力程度。数值越大，模糊效果越明显，反之模糊效果越弱。

打开"素材\第10章\辣椒.jpg"素材图像，如图10-64所示。在工具箱中选择模糊工具 ，在图像上方按住鼠标左键来回拖动，涂抹背景图像，得到景深效果，如图10-65所示。在工具箱中选择锐化工具，在图像底部涂抹，即可使图像变得更加清晰，效果如图10-66所示。

图 10-64　素材图像　　　　图 10-65　模糊图像　　　　图 10-66　锐化图像

10.3.2　减淡工具和加深工具

利用减淡工具 可以提高图像中色彩的亮度。利用加深工具 可以降低图像的曝光度，作用与减淡工具相反。这两个工具的属性栏相似，图10-67显示了减淡工具的属性栏。

图 10-67　减淡工具的属性栏

图10-67中常用选项的作用分别如下。

○ "范围"：用于设置图像中色彩亮度的提高范围。其中："中间调"表示更改图像中颜色呈灰色显示的区域；"阴影"表示更改图像中颜色显示较暗的区域；"高光"表示只对图像颜色显示较亮的区域进行更改。

○ "曝光度"：用于设置应用画笔时的力度。

打开"素材\第10章\花瓶.jpg"素材图像，如图10-68所示。在工具箱中选择减淡工具 ，在属性栏中设置"范围"为"中间调"，然后在图像中涂抹花瓶和花朵图像，使图像变亮，如图10-69所示。在工具箱中选择加深工具 ，在属性栏中设置"范围"为"阴影"，在图像中涂抹背景和部分花朵图像，加强图像对比度，效果如图10-70所示。

图 10-68　素材图像

图 10-69　减淡图像

图 10-70　加深图像

10.3.3　涂抹工具

利用涂抹工具 ，可以模拟在湿的颜料画布上涂抹而使图像产生变形效果。使用涂抹工具可以拾取指定的颜色，并沿着拖动方向展开这种颜色。

【练习10-6】绘制烟雾图像

01 打开"素材\第10章\乡村.jpg"素材图像，如图10-71所示。新建一个图层，设置前景色为白色，在工具箱中选择画笔工具，在屋顶上方绘制白色图像，如图10-72所示。

图 10-71　素材图像

图 10-72　绘制白色图像

02 在工具箱中选择涂抹工具 ，在属性栏中设置"强度"为50%。使用鼠标单击白色图像，然后按住鼠标左键并向上方拖动，得到涂抹变形的图像效果，如图10-73所示。

03 继续在白色图像上单击并拖动，得到朦胧的烟雾效果，如图10-74所示。

图 10-73　涂抹图像

图 10-74　最终的图像效果

❖ 注意：

使用涂抹工具时，应注意画笔大小的调整，通常画笔越大，系统运行的时间就越长，但涂抹出来的图像区域也越大。

10.3.4　海绵工具

利用海绵工具 ，可以精确地更改图像区域的色彩饱和度，产生像海绵吸水一样的效果，从而使图像失去光泽。在工具箱中选择海绵工具 后，属性栏如图10-75所示。

图 10-75　海绵工具的属性栏

【练习10-7】去除背景颜色

01 打开"素材\第10章\水果汁.jpg"素材图像。在工具箱中选择海绵工具 ，在属性栏的"模式"下拉列表中选择"去色"选项，设置"流量"为100%，如图10-76所示。

02 使用海绵工具在背景图像中单击并拖动鼠标，降低图像中除了红色玻璃瓶以外区域的色彩饱和度，效果如图10-77所示。

03 在海绵工具的属性栏中设置"模式"为"加色"，然后在红色玻璃瓶的瓶身上拖动鼠标，加深图像颜色，效果如图10-78所示。

图 10-76　设置海绵工具的属性栏　　　图 10-77　降低色彩饱和度　　　图 10-78　加深图像颜色

10.3.5　课堂案例——制作许愿神灯

下面制作一幅许愿神灯图像，主要练习使用涂抹工具制作许愿神灯图像中飘散的烟雾效果，案例效果如图10-79所示。

案例分析

本案例制作的是许愿神灯中飘出美女与烟雾的图像效果。首先制作渐变色背景；然后添加星空图像，让背景显得更绚烂；最后添加美女和神灯图像，擦除人物腿部图像，结合使用画笔工具与涂抹工具绘制出烟雾效果，与美女图像完美结合。

图 10-79 案例效果

操作步骤

01 新建一个图像文件，在工具箱中选择渐变工具，单击属性栏左侧的渐变色条，打开"渐变编辑器"对话框，设置从黑色到深蓝色(R9,G21,B71)，再到灰蓝色(R37,G41,B82)进行渐变，如图10-80所示。

02 单击"确定"按钮，对背景从上到下应用线性渐变填充，如图10-81所示。

图 10-80 设置渐变

图 10-81 对背景应用线性渐变填充

03 打开"素材\第10章\星空背景.jpg"素材图像，在工具箱中选择椭圆选框工具，在属性栏中设置"羽化"参数为50像素，在图像中绘制一个椭圆形选区，如图10-82所示。

04 使用移动工具将选区内的图像直接拖动到当前编辑的图像中，放到画面的中间，效果如图10-83所示。

05 这时"图层"面板中将自动生成一个新的图层，设置该图层的混合模式为"颜色减淡"，如图10-84所示。

图 10-82　绘制一个椭圆形选区

图 10-83　移动星空背景图像

图 10-84　设置图层混合模式

06 打开"素材\第10章\神灯.psd"和"美女.psd"素材图像，使用移动工具分别将这两幅图像拖动到当前编辑的图像中，如图10-85所示。

07 选择美女图像所在图层，使用橡皮擦工具擦除美女的腿部图像，如图10-86所示。

08 新建一个图层，在工具箱中选择画笔工具，在神灯的灯嘴处绘制多条彩色图像，如图10-87所示。

图 10-85　添加素材图像

图 10-86　擦除腿部图像

图 10-87　绘制多条彩色图像

09 在工具箱中选择涂抹工具 ，对多条彩色图像进行适当的涂抹，效果如图10-88所示。

10 设置图层混合模式为"滤色"，并降低图层的不透明度为75%，图像效果如图10-89所示。

11 新建一个图层，设置前景色为淡绿色(R106,G154,B163)，使用画笔工具绘制一些弯曲的线条，如图10-90所示。

图 10-88　涂抹图像　　　　　　图 10-89　图像效果（一）　　　　图 10-90　绘制一些弯曲的线条

12 使用涂抹工具对这些弯曲的线条进行涂抹，慢慢地将弯曲的线条调整为烟雾效果，如图10-91所示。

13 设置图层混合模式为"滤色"，得到的图像效果如图10-92所示。

14 使用相同的方式，绘制一些白色和彩色线条，然后使用涂抹工具将它们涂抹成烟雾状，然后设置图层混合模式为"滤色"，并适当降低图层的不透明度，得到的烟雾效果如图10-93所示。

图 10-91　涂抹出烟雾效果　　　　图 10-92　图像效果（二）　　　　图 10-93　制作其他烟雾效果

10.4　复制图像

我们可以巧妙地复制图像，用到的两个工具分别是仿制图章工具和图案图章工具。通过这两个工具，我们可以使用颜色或图案填充图像或选区，并对图像进行复制或替换。

10.4.1　仿制图章工具

使用仿制图章工具 📌 可以从图像中取样，然后将图像中的一部分复制到同一图像的另一位置。在工具箱中选择仿制图章工具 📌 后，在属性栏中可以设置图章的大小、不透明度、模式和流量等参数，如图10-94所示。

图10-94　仿制图章工具的属性栏

【练习10-8】复制草莓图像

01 打开"素材\第10章\草莓.jpg"素材图像，如图10-95所示。在工具箱中选择仿制图章工具 📌，将光标移至右侧的红色草莓图像中，按住Alt键，当光标变成 ⊕ 形状时，单击鼠标对图像进行取样，如图10-96所示。

02 松开Alt键，将光标移动图像左侧适当的位置，单击并拖动鼠标即可复制草莓图像，如图10-97所示。

03 重复以上操作，复制得到多个草莓图像，效果如图10-98所示。

图 10-95　素材图像

图 10-96　取样

图 10-97　复制草莓图像

图 10-98　复制结果

10.4.2　图案图章工具

使用图案图章工具 📌 可以将Photoshop提供的图案或自定义的图案应用到图像中。在工具箱中选择图案图章工具 📌 后，属性栏如图10-99所示。

图 10-99　图案图章工具的属性栏

图10-99中常用选项的作用分别如下。

○ 图案拾色器：单击图案缩览图右侧的下拉按钮，打开图案拾色器，从中可选择想要应用的图案样式。

○ "对齐"：选中该复选框后，可以保持图案与起点的连续性，如图10-100所示；取消选中该复选框后，每次单击鼠标时都会重新应用图案，如图10-101所示。

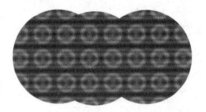

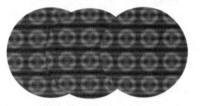

图 10-100　对齐效果　　　　　　　　　　图 10-101　不对齐效果

○ "印象派效果"：选中该复选框后，绘制的图案具有印象派绘画的抽象效果，如图10-102和图10-103所示。

图 10-102　印象派效果　　　　　　　　　图 10-103　非印象派效果

❖ 注意：

　　选择"窗口"|"图案"命令，打开"图案"面板，单击"图案"面板右上角的 ≡ 按钮，在弹出的菜单中选择"旧版图案及其他"命令，即可在"图案"面板中加载旧版Photoshop中的所有图案。

10.4.3　自定义图案

除了可以使用Photoshop中预设的图案样式之外，还可以自定义图案。选择"编辑"|"定义图案"命令，即可打开"图案名称"提示框，在"名称"文本框中输入图案名称，单击"确定"按钮，即可自定义图案，如图10-104所示。在图案图章工具的属性栏中，从图案下拉面板中可以找到自定义的图案，如图10-105所示。

图 10-104　自定义图案　　　　　　　　　图 10-105　自定义的图案

10.5　思考与练习

1. 使用_____可以利用样本或图案来修复所选图像区域内不理想的部分。
   A. 修补工具　　　　　　　　　　B. 仿制图章工具
   C. 海绵工具　　　　　　　　　　D. 污点修复画笔

2. 使用_____可以柔化图像。
   A. 模糊工具　　　　　　　　　　B. 锐化工具
   C. 加深工具　　　　　　　　　　D. 减淡工具

3. 使用_____可以增大图像的色彩反差。
   A. 模糊工具　　　　　　　　　　B. 锐化工具
   C. 加深工具　　　　　　　　　　D. 减淡工具

4. 使用_____可以提高图像中色彩的亮度。
   A. 模糊工具　　　　　　　　　　B. 锐化工具
   C. 加深工具　　　　　　　　　　D. 减淡工具

5. 使用　　　　可以降低图像的曝光度。
   A. 模糊工具　　　　　　　　　　B. 锐化工具
   C. 加深工具　　　　　　　　　　D. 减淡工具

6. 如何在画笔工具的属性栏中设置画笔的笔尖效果？

7. 在"画笔设置"面板中，"间距"选项的作用是什么？

8. 污点修复画笔工具和修复画笔工具有什么不同？

9. 内容感知移动工具的作用是什么？

第11章

应用路径和形状

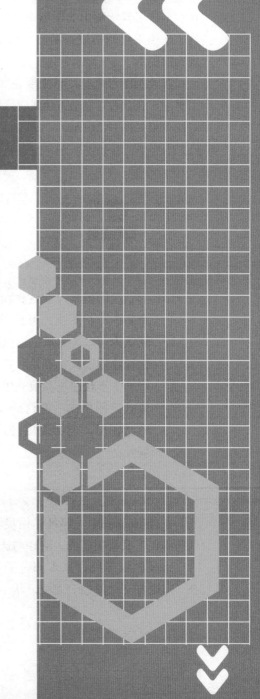

本章将学习使用路径和形状工具绘制矢量图形，用户可以通过编辑路径绘制出各种造型的图形，然后将路径转换为选区，从而方便对图像进行各种处理。

11.1 了解路径与绘图模式

路径是可以转换为选区或使用颜色填充和描边的轮廓，路径由于灵活多变且拥有强大的图像处理功能，深受广告设计人员的喜爱。

11.1.1 认识绘图模式

在Photoshop中绘制路径与图形时，避免不了使用钢笔工具和形状工具。使用钢笔工具和形状工具绘制出的图形都是矢量图形，可以通过路径编辑工具进行各种编辑。钢笔工具主要用于绘制不规则图形，而使用形状工具则可借助Photoshop内置的图形样式绘制出规则的图形。

在绘制图形之前，首先要在属性栏中选择绘图模式。在工具箱中选择钢笔工具或形状工具后，在属性栏的左侧可以看到可供选择的绘图模式，如图11-1所示，各种绘图模式的对比效果如图11-2所示。

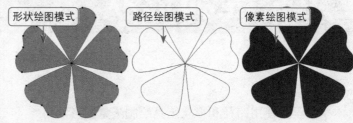

图 11-1 选择绘图模式　　　　　　图 11-2 各种绘图模式的对比效果

- 形状绘图模式：在这种绘图模式下，绘制路径后，"图层"面板中会自动添加一个新的形状图层。形状图层就是带形状剪贴路径的填充图层，图层中间的填充色默认为前景色。单击缩略图可改变填充色。

- 路径绘图模式：在这种绘图模式下，绘制出来的矢量图形将只产生工作路径，而不产生形状图层和填充色。

- 像素绘图模式：在这种绘图模式下，绘制图形时既不产生工作路径，也不产生形状图层，但会使用前景色填充图像。此时，绘制的图像将不能作为矢量对象编辑。

11.1.2 路径的结构

在Photoshop中，路径是由贝赛尔曲线构成的一段闭合或开放的线段，主要由钢笔工具和形状工具绘制而成。路径与选区一样，本身是没有颜色和宽度的，不会被打印出来。

路径的很多操作基本都是通过"路径"面板来进行的。选择"窗口"|"路径"命令，即可打开"路径"面板，从中可以看到绘制的路径的缩览图，如图11-3所示。

图11-3 "路径"面板

绘制完路径后，可以看到，路径主要由锚点、线段(直线或曲线)以及控制手柄3部分构成，直线型路径中的锚点无控制手柄，曲线型路径中的锚点用两个控制手柄来控制曲线的形状，如图11-4所示。

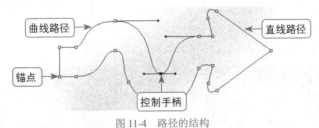

图11-4 路径的结构

○ 锚点：锚点由空心小方格表示，处在路径中每条线段的两端，黑色的实心小方格表示当前选择的定位点。定位点有平滑点和拐点两种，平滑点是平滑连接两条线段的定位点，拐点是非平滑连接两条线段的定位点。

○ 控制手柄：选择一个锚点后，这个锚点上就会显示控制手柄，拖动控制手柄一端的小圆点即可调整与之关联的线段的形状和曲率。

○ 线段：路径中连接锚点的直线或曲线。

11.2 使用钢笔工具组

在工具箱中，钢笔工具组包含5种工具，分别是钢笔工具、自由钢笔工具、添加锚点工具、删除锚点工具和转换点工具。

11.2.1 钢笔工具

钢笔工具属于矢量绘图工具，绘制出来的图形为矢量图形。使用钢笔工具绘制直线路径的操作方法较为简单，在画面中单击设置起点，然后在适当的位置再次单击即可绘制出直线路径，在直线路径上按住鼠标左键进行拖动，即可绘制出曲线路径。在工具箱中选择钢笔工具 后，对应的属性栏如图11-5所示。

图11-5 钢笔工具的属性栏

图11-5中常用选项或按钮的作用分别如下。

- ○ 绘图模式：有3种绘图模式可供选择，分别是形状、路径和像素绘图模式，它们分别用于创建形状图层、工作路径和填充区域。选择的绘图模式不同，属性栏中的选项也将不同，默认使用的是路径绘图模式。
- ○ "建立"：右侧的3个按钮用于在创建选区后，将路径转换为选区或形状等。
- ○ ▣▝▐ ▫ ▝▝▐：这组按钮用于对路径进行编辑，涉及路径的合并、重叠、对齐方式以及前后顺序等。
- ○ "自动添加/删除"：该复选框用于设置是否自动添加/删除锚点。

【练习11-1】绘制直线路径和曲线路径

01 打开一幅图像，在工具箱中选择钢笔工具 ⬦ ，在属性栏中选择路径绘图模式，然后在图像中单击，设置路径的起点，如图11-6所示。

02 在合适的位置再次单击，如图11-7所示，得到一条路径。

图11-6　设置路径的起点

图11-7　再次单击

03 在另一个合适的位置单击，即可继续绘制路径，如图11-8所示。

04 将光标移到适当的位置，按住鼠标左键并拖动，可以创建带有控制手柄的平滑锚点，如图11-9所示。

图11-8　继续绘制路径

图11-9　按住鼠标左键并拖动

05 按住Alt键的同时单击控制手柄中间的节点，可以删除节点一端的控制手柄，如图11-10所示。

06 移动光标，在绘制曲线的过程中，按住Alt键的同时拖动鼠标，即可将平滑点转换为拐点，如图11-11所示。

图 11-10　删除节点一端的控制手柄

图 11-11　将平滑点转换为拐点

07 使用相同的方法绘制曲线，绘制完之后，将光标移到路径的起点处，当光标变成 形状时单击，即可完成封闭型曲线路径的绘制，如图11-12所示。

图 11-12　闭合曲线路径

❖ **注意：**

在Photoshop中绘制直线路径时，按住Shift键可以绘制出水平、垂直和45°方向上的直线路径。

11.2.2　自由钢笔工具

使用自由钢笔工具可以在画面中随意绘制路径，就像使用铅笔在纸上绘图一样。在绘制过程中，自由钢笔工具将自动添加锚点，完成后还可以对路径做进一步完善。

在工具箱中选择自由钢笔工具，在画面中按住鼠标左键进行拖动，即可绘制路径，如图11-13所示。在属性栏中选中"磁性的"复选框，可以切换为磁性钢笔工具，单击属性栏中的 按钮，在弹出的如图11-14所示的面板中可以设置"曲线拟合"以及"宽度""对比""频率"等参数，然后在图像中绘制路径，此时将沿图像颜色的边界创建磁性路径，如图11-15所示。

图 11-13　绘制路径

图 11-14　设置参数

图 11-15　绘制磁性路径

图11-14中常用选项的作用分别如下。

- ○ "曲线拟合"：用于设置最近路径与光标移动轨迹的相似程度，数值越小，路径上的锚点就越多，绘制出的路径形态就越精确。
- ○ "宽度"：用于调整路径的选择范围，数值越大，选择范围就越大。
- ○ "对比"：用于设置磁性钢笔工具对图像中颜色边缘的灵敏度。
- ○ "频率"：用于设置路径将要使用的锚点的数量，数值越大，在绘制路径时产生的锚点就越多。

11.2.3 添加锚点工具

在工具箱中选择添加锚点工具 ⬡ 后，就可以直接在已经绘制的路径中添加单个或多个锚点。当选择钢笔工具时，将光标放到路径上，光标将变为 ▸ 形状，如图11-16所示。在路径上单击，同样可以添加锚点，拖动控制手柄可以编辑曲线，效果如图11-17所示。

图 11-16　将光标放到路径上　　　　　　　　图 11-17　编辑曲线

11.2.4 删除锚点工具

在工具箱中选择删除锚点工具 ⬡ 后，就可以直接在路径上单击锚点，从而将其删除。当选择钢笔工具时，将光标放到锚点上，光标将变为 ▸ 形状，如图11-18所示。单击即可删除锚点，如图11-19所示。

图 11-18　将光标放到路径上　　　　　　　　图 11-19　删除锚点

11.2.5 转换点工具

在工具箱中选择转换点工具 ⬡ 后，就可以通过转换路径上的锚点的类型来调整路径的弧度。当锚点为折线拐点时，使用转换点工具拖动拐点，就可以将拐点转换为平滑点，效果如图11-20所示；当锚点为平滑点时，单击平滑点可以将其转换为拐点，效果如图11-21所示。

图 11-20　将拐点转换为平滑点　　　　　　　　图 11-21　将平滑点转换为拐点

11.3　编辑路径

路径在创建之后，有时达不到理想状态，这时就需要对其进行编辑。路径的编辑主要包括复制与删除路径、路径与选区的互换、填充和描边路径以及在路径中输入文字等。

11.3.1　复制路径

在Photoshop中绘制一条路径后，如果还需要绘制一条或多条相同的路径，那么可以对路径进行复制；如果有多余的路径，可以将它们删除。

【练习11-2】在"路径"面板中复制已有路径

01 选择"窗口"|"路径"命令，打开"路径"面板，选择需要复制的路径，如路径1，如图11-22所示。

02 右击路径1，在弹出的菜单中选择"复制路径"命令，如图11-23所示。

图 11-22　选择路径　　　　　　　　　　图 11-23　选择"复制路径"命令

❖ **注意：**

如果"路径"面板中的路径为工作路径，那么在复制前需要将其拖动到"路径"面板底部的"创建新路径"按钮 田 上，从而转换为普通路径。然后将转换后的路径再次拖动到"创建新路径"按钮上，即可对其进行复制。

03 在打开的"复制路径"对话框中对路径进行命名，如图11-24所示。

04 单击"确定"按钮，即可得到复制的路径，如图11-25所示。

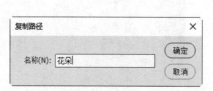

图 11-24　对路径进行命名　　　　　　图 11-25　复制的路径（一）

05 选择路径2，将其拖动到"路径"面板底部的"创建新路径"按钮上，如图11-26所示，这样也可以得到复制的路径，如图11-27所示。

图 11-26　选择并拖动路径　　　　　　图 11-27　复制的路径（二）

11.3.2　删除路径

删除路径的方法和复制路径相似，可以通过以下几种操作来完成。

○ 选择需要删除的路径，单击"路径"面板底部的"删除当前路径"按钮 🗑，在打开的提示框中单击"是"按钮即可，如图11-28所示。

○ 选择需要删除的路径，将其拖动到"路径"面板底部的"删除当前路径"按钮 🗑 上即可。

○ 右击需要删除的路径，在弹出的菜单中选择"删除路径"命令即可。

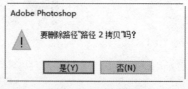

图 11-28　提示框

❖ **注意：**

与重命名图层一样，对路径也可以执行重命名操作。选择需要重命名的路径，双击路径名称，然后输入新的路径名称即可。

11.3.3　将路径转换为选区

在Photoshop中，用户可以将路径转换为选区，也可以将选区转换为路径，从而方便用户绘图。

在将路径转换为选区时，有以下几种操作方式可供选择。

- ○　右击路径，在弹出的菜单中选择"建立选区"命令，如图11-29所示，即可打开"建立选区"对话框。保持默认设置不变，单击"确定"按钮，即可将路径转换为选区，如图11-30所示。

图 11-29　选择"建立选区"命令　　　　　　图 11-30　"建立选区"对话框

- ○　单击"路径"面板右上方的▤按钮，在弹出的菜单中选择"建立选区"命令，打开"建立选区"对话框。保持默认设置不变，单击"确定"按钮即可将路径转换为选区。
- ○　选择路径，按Ctrl+Enter组合键可以快速地将路径转换为选区。
- ○　按住Ctrl键，单击"路径"面板中的路径缩览图，即可将路径转换为选区。
- ○　选择路径，单击"路径"面板底部的"将路径作为选区载入"按钮▦，即可将路径转换为选区。

❖ 注意：

单击"路径"面板底部的"从选区生成工作路径"按钮◈，即可快速将选区转换为路径。

11.3.4　填充路径

用户绘制好路径后，可以为路径填充颜色或图案。路径的填充与图像选区的填充相似，用户可以用颜色或图案填充路径内部的区域。

【练习11-3】在路径内部区域填充图案

01 绘制一条封闭的路径，选择并右击路径，在弹出的菜单中选择"填充路径"命令，如图11-31所示。

02 在打开的"填充路径"对话框中可以设置用于填充的颜色或图案样式，比如在

"内容"下拉列表中选择"图案"选项，然后选择一种图案样式，如图11-32所示。

03 单击"确定"按钮，即可用选择的图案填充路径内部的区域，如图11-33所示。

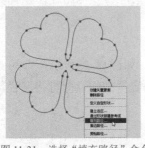

图 11-31　选择"填充路径"命令

图 11-32　选择图案样式

图 11-33　填充图案

"填充路径"对话框中常用选项的作用分别如下。

- "内容"：用于选择填充路径的类型。
- "模式"：用于选择填充内容的各种效果。
- "不透明度"：用于设置填充图像的透明效果。
- "保留透明区域"：该复选框只有在对图层进行填充时才起作用。
- "羽化半径"：用于设置填充后的羽化效果，数值越大，羽化效果越明显。

11.3.5　描边路径

描边路径就是沿着路径的轨迹绘制或修饰图像，在"路径"面板中单击"用画笔描边路径"按钮 ○，可以快速为路径描边。也可在"路径"面板中选择路径，然后右击，在弹出的菜单中选择"描边路径"命令。

【练习11-4】对路径进行描边

01 在工具箱中选择画笔工具，设置用于描边的前景色，在属性栏中设置画笔的大小、不透明度和笔尖形状等，如图11-34所示。

图 11-34　设置画笔工具的属性栏

02 在"路径"面板中选择需要描边的路径，右击，在弹出的菜单中选择"描边路径"命令，如图11-35所示。

03 打开"描边路径"对话框，在"工具"下拉列表中选择"画笔"选项，如图11-36所示。

图 11-35　选择"描边路径"命令

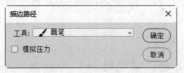

图 11-36　选择"画笔"选项

04 单击"确定"按钮，返回到画面中，得到路径的描边效果，路径描边前后的效果对比如图11-37和图11-38所示。

图 11-37　原始路径效果　　　　　　　　图 11-38　路径描边效果

11.4　绘制和编辑形状

为了方便用户绘制各种形状的图形，Photoshop提供了一些基本的图形绘制工具。工具箱中的形状工具组由6种形状工具组成，通过它们不仅可以方便地绘制矩形、椭圆形、多边形、直线等规则的几何形状，而且可以绘制自定义的形状。

11.4.1　矩形工具

使用矩形工具可以绘制出矩形或正方形的矢量图形。

【练习11-5】绘制多个矩形图形

01 打开"素材\第11章\空白台历.jpg"素材图像，在工具箱中选择矩形工具 ▣，在画面中按住鼠标左键并拖动鼠标即可绘制出矩形，如图11-39所示。

02 单击属性栏中的 ⚙ 按钮，打开"矩形选项"下拉面板，如图11-40所示，从中可以对矩形工具进行设置。

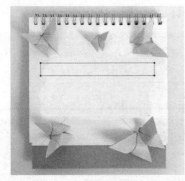

图 11-39　绘制矩形　　　　　　　　图 11-40　设置矩形工具

03 选中"不受约束"单选按钮后，可绘制尺寸不受限制的矩形，此为默认选项；选中"方形"单选按钮则可绘制正方形，如图11-41所示。

04 选中"固定大小"单选按钮后，就可以在W和H文本框中输入数值，然后在画面中单击，即可绘制出固定大小的矩形，如图11-42所示。

05 选中"比例"单选按钮后，就可以在W和H文本框中输入数值，绘制出宽高比固定的矩形，如图11-43所示。

06 选中"从中心"单选按钮后，就可以在绘制矩形时从矩形的中心开始绘制。选中"对齐像素"复选框后，可以在绘制矩形时使边靠近像素边缘。

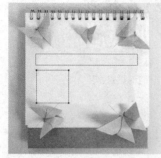 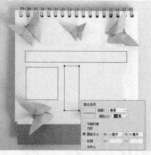 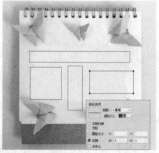

图 11-41　绘制正方形　　　　图 11-42　绘制固定大小的矩形　　　图 11-43　绘制宽高比固定的矩形

11.4.2　圆角矩形工具

使用圆角矩形工具可以很方便地绘制出圆角矩形。圆角矩形工具的属性栏与矩形工具的基本相同，只是多了"半径"参数，用于设置所绘制圆角矩形的四个角的圆弧半径，数值越小，四个角越尖锐，反之则越圆滑。

在工具箱中选择圆角矩形工具 ◻，然后在属性栏中设置"半径"参数，从而自定义圆角程度。在图像窗口中按住鼠标左键进行拖动，即可按指定的半径绘制出圆角矩形效果，如图11-44所示。

11.4.3　椭圆工具

绘制椭圆形的方法与绘制矩形一样，在工具箱中选择椭圆工具 ◻，在图像窗口中按住鼠标左键进行拖动，即可绘制出椭圆形或正圆形，如图11-45所示。

图 11-44　绘制圆角矩形　　　　　　　　图 11-45　绘制椭圆形和正圆形

11.4.4　多边形工具

使用多边形工具 ◎，可以在图像窗口中绘制多边形和星形。

【练习11-6】绘制多边形

01 在工具箱中选择多边形工具后，在属性栏中设置多边形的"边"为6，然后在图像窗口中按住鼠标左键进行拖动，即可绘制出一个六边形，如图11-46所示。

02 单击属性栏中的 ⚙ 按钮，打开"路径选项"下拉面板，从中可以设置多边形选项，如图11-47所示。选中"星形"复选框后，就可以绘制出一个星形，效果如图11-48所示。

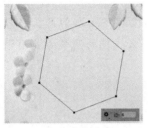
图11-46　绘制六边形

图11-47　设置多边形选项

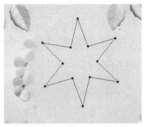
图11-48　绘制星形

03 选中"平滑拐角"复选框后，就可以绘制出拐点平滑的多边形，效果如图11-49所示。

04 使用"缩进边依据"选项可以制作星形的边缩进效果，比如设置为80%，效果如图11-50所示。

05 选中"平滑缩进"复选框后，可以设置星形的缩进边角为圆弧形，效果如图11-51所示。

图11-49　绘制拐点平滑的多边形

图11-50　边缩进效果

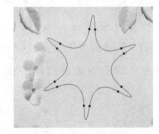
图11-51　平滑缩进效果

11.4.5　直线工具

使用直线工具 ／，可以在图像窗口中绘制直线或箭头图形。

【练习11-7】绘制各种箭头图形

01 在工具箱中选择直线工具 ／，在属性栏中设置"粗细"为20像素，按住鼠标左键在图像中拖动，即可绘制出直线，如图11-52所示。

02 单击属性栏中的 ⚙ 按钮，在打开的"路径选项"下拉面板中可以设置直线的箭头样式，如图11-53所示。

03 选中"起点"复选框，然后设置"宽度""长度""凹度"等参数，从而在绘制时为线段的起点添加箭头，效果如图11-54所示。

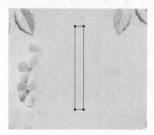
图 11-52　绘制直线

图 11-53　设置直线选项

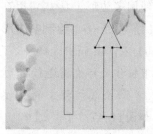
图 11-54　为线段的起点添加箭头

04 选中"终点"复选框，从而在绘制操作结束时为线段的终点添加箭头，效果如图11-55所示。如果同时选中"起点"和"终点"复选框，那么线段的两端都将有箭头，如图11-56所示。

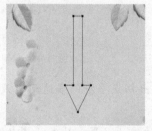
图 11-55　为线段的终点添加箭头

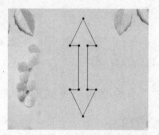
图 11-56　绘制双向箭头

05 在"宽度"文本框中可以设置箭头宽度和线段宽度的比例，数值越大，箭头越宽，如图11-57所示。

06 在"长度"文本框中可以设置箭头长度和线段宽度的比值，数值越大，箭头越长，如图11-58所示。

07 在"凹度"文本框中可以设置箭头的凹陷程度，数值为正时箭头尾端向内凹陷，数值为负时箭头尾端向外凸出，如图11-59所示。

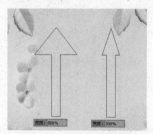
图 11-57　设置箭头的宽度

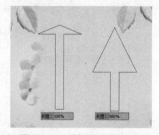
图 11-58　设置箭头的长度

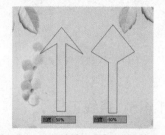
图 11-59　设置箭头的凹陷程度

11.4.6　编辑形状

为了更好地使用创建的形状，可以在创建好形状图层后对形状图层进行编辑，例如改变形状、重新设置颜色、将形状图层转换为普通图层等。

1. 改变形状图层的颜色

在工具箱中选择钢笔或形状工具，在属性栏中选择形状绘图模式，这时如果绘制图形，即可自动在"图层"面板中创建一个形状图层，并在图层缩览图中显示矢量蒙版缩览图，矢量蒙版缩览图会显示已经绘制的形状和颜色，并在右下角显示形状图标，如图11-60所示，双击形状图标，可以在打开的"拾色器(纯色)"对话框中为形状修改颜色，如图11-61所示。

图 11-60　形状图层　　　　　　　图 11-61　为形状修改颜色

2. 栅格化形状图层

形状图层具有矢量特征，这使得用户在形状图层中无法使用很多常用工具，如画笔工具、渐变工具、加深工具、模糊工具等。因此，为了对形状图层中的图像进行处理，首先需要将形状图层转换为普通图层。

在"图层"面板中右击形状图层右侧的空白处，然后在弹出的菜单中选择"栅格化图层"命令，如图11-62所示，即可将形状图层转换为普通图层。此时，形状图层右下角的形状图标将消失，如图11-63所示。

图 11-62　选择"栅格化图层"命令　　　图 11-63　将形状图层转换为普通图层

11.4.7　自定义形状

在Photoshop中，可以使用自定形状工具 绘制图形，自定形状工具 用于绘制一些不规则的形状。

【练习11-8】绘制自定义形状

01 在工具箱中选择自定形状工具 ，单击属性栏中"形状"右侧的下拉按钮，即可打开"自定形状"下拉面板，如图11-64所示。

02 Photoshop 2020中的形状默认显示为4组新的图形。选择"窗口"|"形状"命令，

打开"形状"面板。单击"形状"面板右上方的按钮，在弹出的菜单中选择"旧版形状及其他"命令，如图11-65所示，可以显示全部形状，如图11-66所示。

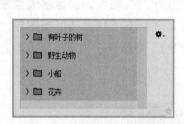

图11-64　"自定形状"下拉面板

图11-65　选择"旧版形状及其他"命令

图11-66　在"形状"面板中显示全部形状

03 这时，"自定形状"下拉面板中也将显示所有形状，如图11-67所示。

04 对于不需要显示的形状，可以删除。切换到"形状"面板中，选择想要删除的形状或形状组，单击"删除形状"按钮 🗑，即可弹出如图11-68所示的提示框，单击"确定"按钮即可。

图11-67　在"自定形状"下拉面板中显示全部形状

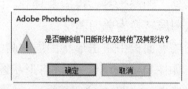

图11-68　提示框

❖ **注意：**

绘制好一个新的图形后，可以选择"编辑"|"定义自定形状"命令，打开"形状名称"对话框，在其中输入名称即可将这个新的图形自动添加到"自定形状"下拉面板中，以便以后使用。

11.4.8　课堂案例——制作促销图标

下面制作常见的网购促销图标，主要练习钢笔工具的用法，案例效果如图11-69所示。

案例分析

本案例首先使用钢笔工具绘制出背景图像中的对比色，然后使用椭圆工具绘制出蓝色圆形以及其中的虚线符号，最后使用钢笔工具绘制出闹钟的耳朵、脚等多个图形，让画面既有卡通效果，又能起到醒目的广告宣传意义。

图11-69　案例效果

操作步骤

01 新建一个图像文件，设置前景色为红色(R220,G42,B59)，按Alt+Delete组合键填充背景，如图11-70所示。

02 设置前景色为黄色(R245,G195,B0)，选择钢笔工具，在属性栏的左侧选择形状绘图模式，然后在画面的右侧绘制一个四边形，填充为黄色，这时"图层"面板中将自动生成一个形状图层，如图11-71所示。

03 新建一个图层，设置前景色为蓝色(R43,G143,B236)。在工具箱中选择椭圆工具 ○ ，在属性栏的左侧选择像素绘图模式，按住Shift键绘制一个正圆形选区，使用移动工具将其放到画面的中间，如图11-72所示。

图 11-70 填充背景

图 11-71 绘制黄色的四边形

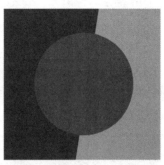

图 11-72 绘制的正圆形选区

04 在工具箱中选择钢笔工具，在属性栏的左侧选择路径绘图模式，然后在画面中绘制一个多边形，如图11-73所示。

05 按Ctrl+Enter组合键将路径转换为选区，填充为更深一些的蓝色(R21,G117,B206)，如图11-74所示。

06 使用相同的方式绘制出其他几个多边形，分别填充为相近的深蓝色，如图11-75所示。

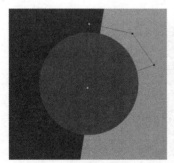

图 11-73 绘制一个多边形

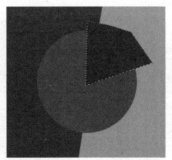

图 11-74 填充颜色

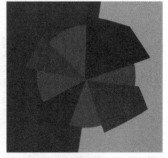

图 11-75 绘制其他图形并填充颜色

07 选择"图层"|"创建剪贴蒙版"命令，得到的图像效果如图11-76所示。

08 在工具箱中选择椭圆工具，在属性栏的左侧选择路径绘图模式，在蓝色圆形内绘制一个正圆形，新绘制的正圆形比蓝色圆形略小，如图11-77所示。

09 在工具箱中选择横排文字工具，将光标移至圆形路径上，当光标变为 ꟷ 形状时单击，输入符号—并填充为白色，得到的虚线效果如图11-78所示。

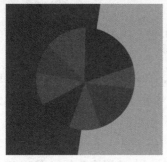
图 11-76 创建剪贴蒙版

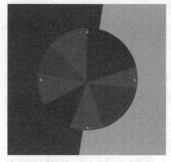
图 11-77 绘制另一个圆形

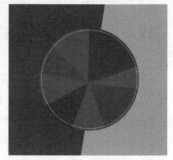
图 11-78 制作虚线效果

⑩ 新建一个图层，在工具箱中选择钢笔工具，绘制出闹钟的耳朵，如图11-79所示。

⑪ 单击"路径"面板底部的"将路径作为选区载入"按钮 ▓ ，然后填充选区为白色，如图11-80所示。

⑫ 使用同样的方法绘制闹钟的脚。然后使用钢笔工具绘制另一侧的耳朵和脚以及其他的白色图形，如图11-81所示。

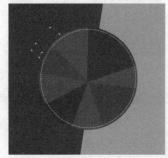
图 11-79 绘制闹钟的耳朵

图 11-80 用白色填充选区

图 11-81 绘制其他白色图形

⑬ 使用钢笔工具在蓝色圆形的上方绘制一个箭头，如图11-82所示。将路径转换为选区后填充为白色，如图11-83所示。

图 11-82 绘制箭头

图 11-83 将箭头填充为白色

⑭ 选择"图层"|"图层样式"|"投影"命令，打开"图层样式"对话框，设置投影颜色为黑色，其他参数设置如图11-84所示。

⑮ 单击"确定"按钮，得到的投影效果如图11-85所示。

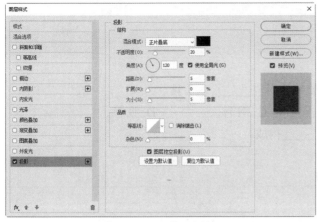

图 11-84　设置投影参数

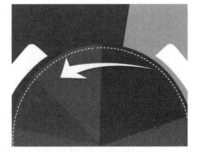

图 11-85　投影效果

16 按Ctrl+J组合键复制一次箭头图形，并将副本水平翻转，调整大小后放到蓝色圆形的下方，如图11-86所示。

17 新建一个图层，使用钢笔工具在蓝色圆形的上方绘制一个条形，填充为红色(R227,G17,B58)，如图11-87所示。

18 为绘制的红色条形添加投影样式，得到的效果如图11-88所示。

图 11-86　复制并水平翻转箭头

图 11-87　绘制红色条形

图 11-88　为红色条形添加投影效果

19 使用横排文字工具在红色条形中输入文字，在属性栏中设置字体为黑体，填充为白色，然后适当旋转文字，如图11-89所示。

20 打开"素材/第11章/文字.psd"图像，使用移动工具将素材图像拖动到当前编辑的图像中，并放在蓝色圆形内，效果如图11-90所示。

图 11-89　输入并旋转文字

图 11-90　添加素材图像

11.5　思考与练习

1. 在Photoshop中绘制路径时，通常使用_____工具。

　　A. 画笔　　　　　　B. 铅笔　　　　　　C. 钢笔　　　　　　D. 吸管

2. 路径主要由_____构成。

　　A. 直线、曲线以及控制手柄。

　　B. 锚点、线段以及控制手柄。

　　C. 圆点、直线以及曲线。

　　D. 圆点、线段以及控制手柄。

3. 按住_____键的同时单击路径的控制手柄中间的节点，可以删除节点一端的控制手柄。

　　A. Ctrl　　　　　　B. Shift　　　　　　C. Alt　　　　　　D. Tab

4. 路径中的锚点是什么，有什么作用？

5. 将路径转换为选区有哪几种方式？

6. 如何对路径进行描边？

7. 如何使用自定义形状工具绘制图形？

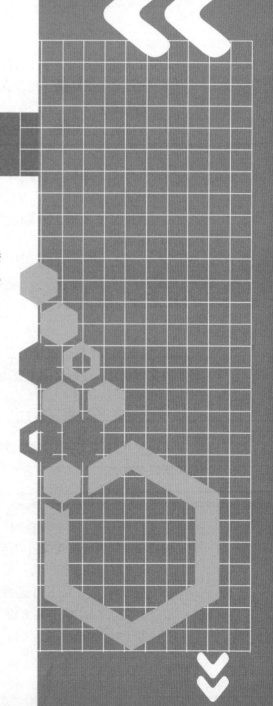

第 **12** 章

创建与应用文字

　　文字是平面作品中重要的信息表现元素，可以直接表述画面中图像的含义及其所要表达的内容，还可以丰富画面的效果。本章将对Photoshop中文字的创建和运用方法进行详细讲解。

12.1 认识文字工具

在图像中输入文字前，首先需要在工具箱中选择文字工具。单击工具箱中的 T 图标不放，将显示文字工具组，如图12-1所示。

图 12-1 文字工具组

文字工具组中各个文字工具的作用分别如下。

- 横排文字工具 T：用于在图像中创建水平文字，同时在"图层"面板中建立新的文字图层。
- 直排文字工具 IT：用于在图像中创建垂直文字，同时在"图层"面板中建立新的文字图层。
- 直排文字蒙版工具 IT：用于在图像中创建垂直文字形状的选区，但不创建新图层。
- 横排文字蒙版工具 T：用于在图像中创建水平文字形状的选区，但不创建新图层。

12.2 输入文字

在Photoshop中，可以输入点文字或段落文字。其中：点文字主要用于输入文字内容较少的文本信息；段落文字主要用于输入文字内容较多的段落文本信息。

12.2.1 输入横排点文字

可以使用横排文字工具 T 创建横排点文字。在工具箱中选择横排文字工具后，属性栏如图12-2所示。

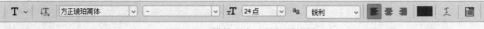

图 12-2 横排文字工具的属性栏

图12-2中常用选项或按钮的作用分别如下。

- 文本取向切换按钮 ：用于在文字的水平排列和垂直排列之间进行切换。
- 方正琥珀简体 ：用于选择文字的样式。
- T 24点 ：单击右侧的下拉按钮，在弹出的下拉列表中可以选择文字的大小，也可以直接输入文字的大小。

○　：单击右侧的下拉按钮，在弹出的下拉列表中可以设置消除锯齿的方法。

○　文本对齐按钮 ：这3个按钮分别用于设置文本左对齐、居中对齐和右对齐。当文字切换为垂直排列时，这3个按钮变成 ，分别用于设置文本顶对齐、居中对齐和底对齐。

○　文本颜色按钮 ：单击该按钮，可以打开"拾色器(文本颜色)"对话框，用于设置文字的颜色。

○　变形文字创建按钮 ：单击该按钮，可以打开"变形文字"对话框，用于设置变形文字的样式和扭曲程度。

○　字符和段落面板切换按钮 ：单击该按钮，可以切换到"字符/段落"面板，用于设置文字的字符和段落格式。

【练习12-1】在图像中输入横排点文字

01 打开"素材\第12章\树林.jpg"素材图像，如图12-3所示。

02 在工具箱中选择横排文字工具 ，在图像中单击，这时"图层"面板中将新出现一个文本图层，如图12-4所示。

图12-3　素材图像

图12-4　"图层"面板中新出现一个文本图层

03 当图像中出现闪烁的光标时，即可在光标位置输入文字，如图12-5所示。

04 在光标处按住鼠标左键不放并拖动，可以选中输入的文字，在属性栏中设置文字的字体和大小，效果如图12-6所示。然后单击属性栏中的 按钮，完成横排点文字的创建。

图12-5　输入文字

图12-6　设置文字的字体和大小

❖ 注意：

第一次启动Photoshop 2020后，当创建文字时，默认采用前景色作为当前文字的默认颜色。下一次创建文字时，便会采用上次使用的文字颜色作为当前文字的默认颜色。用户可以在输入文字后，通过单击属性栏中的"文本颜色"按钮■■重新设置文字的颜色。

12.2.2 输入直排点文字

使用直排文字工具 IT 可以在图像中沿垂直方向输入文本，也可输入垂直向下显示的段落文本。在工具箱中选择直排文字工具 IT，在图像中单击，单击处会出现闪烁的横线光标，如图12-7所示。然后输入需要的直排点文字即可，如图12-8所示。

图 12-7　出现闪烁的横线光标　　　　　图 12-8　输入直排点文字

12.2.3 输入段落文本

段落文本创建在段落文本框内，文字可以根据外框的尺寸在段落中自动换行。段落文字在创建之后，可以按住Ctrl键拖动段落文本框的任何一个控制点，在调整段落文本框大小的同时缩放文字。

【练习12-2】在图像中输入段落文本

01 新建一个空白的图像文件，然后使用文字工具将光标移到空白的图像中进行拖动，创建一个段落文本框，如图12-9所示。

02 在段落文本框内输入文字，当输入的文字到达段落文本框的边缘位置时，文字会自动换行，如图12-10所示。

平面构成是视觉元素在二次元的平面上，按照美的视觉效果，力学的原理，进行编排和组合。

图 12-9　创建一个段落文本框　　　　　图 12-10　输入文字

03 将光标放在段落文本框边角的控制点上，当光标变成双向箭头↗时，可以方便地调整段落文本框的大小，如图12-11所示。

04 当光标变成双向旋转箭头↻时，按住鼠标左键进行拖动，可旋转段落文本框，如

图12-12所示。

平面构成是视觉元素在二次
元的平面上，按照美的视觉
效果，力学的原理，进行编
排和组合。

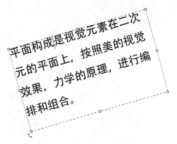

图 12-11　调整段落文本框的大小　　　　　图 12-12　旋转段落文本框

12.2.4　输入选区文字

在工具箱中选择文字蒙版工具，在图像中单击，即可进入蒙版状态，然后输入文字内容，如图12-13所示。输入文字后，单击属性栏中的确认按钮✔，即可完成蒙版文字的创建，形成文字选区，如图12-14所示。

图 12-13　输入蒙版文字　　　　　　　　图 12-14　形成文字选区

❖ 注意：

使用横排和直排文字蒙版工具创建的文字选区，虽然可以填充颜色，但是由于已经不是文字，因此不能再改变字体样式，只能像编辑选区一样进行处理。

12.2.5　输入路径文字

在Photoshop中，用户可以沿着使用钢笔工具或形状工具创建的工作路径输入文字，使文字产生特殊的排列效果。沿着路径输入文字后，用户还可以对路径进行编辑和调整，在改变路径的形状后，文字也会随之发生改变。

【练习12-3】沿着路径输入文字

01 在Photoshop 2020中打开一幅图像，然后使用钢笔工具在图像中绘制一条曲线路径，如图12-15所示。

02 在工具箱中选择横排文字工具，将光标移到路径上，当光标变成 形状时单击，即可沿着路径输入文字，如图12-16所示。

图 12-15　绘制曲线路径

图 12-16　沿着路径输入文字

03 选择"窗口"|"字符"命令，打开"字符"面板，适当设置基线偏移，从而改变文字偏移路径的效果，如图12-17所示。

04 使用直接选择工具适当调整路径的形状，路径旁边的文字也将随着发生变化，如图12-18所示。

图 12-17　设置基线偏移

图 12-18　文字随路径发生变化

❖ **注意：**

　　输入文字后，如果文字未完全显示出来，可以按住Ctrl键，将光标移到显示的文字末尾处，当光标变为形状时拖动文字尾部，直到显示所有的文字为止。

12.3　设置文字属性

　　在图像中输入文字后，可以在"字符"或"段落"面板中对文字属性进行设置，包括调整文字的颜色、大小、字体、对齐方式和字符缩进等。

12.3.1　设置字符属性

　　字符属性可以在属性栏和"字符"面板中进行设置。在"字符"面板中，除了可以设置文字的字体、字号、样式和颜色之外，还可以设置字符间距、垂直缩放、水平缩放、加粗、下画线、上标等字符属性。

选择"窗口"|"字符"命令，或者单击属性栏中的字符和段落面板切换按钮 ，即可打开"字符"面板，如图12-19所示。

"字符"面板中常用选项或按钮的作用分别如下。

- ○ Adobe 黑体 Std：单击右侧的下拉按钮，可从打开的下拉列表中选择字体。

- ○ 36点：用于设置字体的大小。

- ○ (自动)：用于设置文本行间距，值越大，间距越大。如果值小于一定范围，文本行将重合在一起。

- ○ V/A 0：用于对文字间距进行细微调整。进行设置时，只需要将文字输入光标移到需要设置的位置即可。

图12-19 "字符"面板

- ○ 0：用于设置字符间的距离，数值越大，文本间距越大。

- ○ 0%：用于根据文本的比例大小来设置文字间距。

- ○ T 100%：用于设置文本在垂直方向上的缩放比例。

- ○ I 100%：用于设置文本在水平方向上的缩放比例。

- ○ A 0点：用于设置文本的偏移量。当文本为横排输入状态时，输入正数时往上移，输入负数时往下移；当文本为竖排输入状态时，输入正数时往右移，输入负数时往左移。

- ○ ■：单击后，可在打开的对话框中重新设置字体的颜色。

- ○ T T TT Tr T¹ T₁ T̶：这些按钮依次用于对文字应用仿粗体、仿斜体、全部大写字母、小型大写字母、上标、下标、下画线和删除线等设置。

【练习12-4】设置文字的字符属性

01 打开"素材\第12章\花边.jpg"素材图像，恢复前景色为黑色、背景色为白色，然后在图像中输入横排文字，如图12-20所示。

02 将光标放置于最后一个文字的后面，然后按住鼠标左键向左拖动，选择所有文字，如图12-21所示。

图12-20 输入文字

图12-21 选择所有文字

03 在属性栏中设置文字的字体为Gabriola、大小为100点，如图12-22所示。

04 打开"字符"面板，设置文字的字符间距为100点，如图12-23所示。

图 12-22　设置文字

图 12-23　设置字符间距

05 单击"颜色"选项右侧的色块，打开"拾色器(文本颜色)"对话框。然后选择一种颜色作为文字颜色，如金色(R216,G156,B35)，如图12-24所示。单击"确定"按钮，即可改变文字的颜色，如图12-25所示。

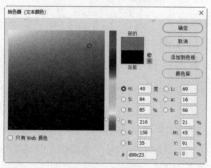

图 12-24　选择颜色

图 12-25　设置文字的颜色

06 拖动光标选择文字Thank，然后在"字符"面板中设置基线偏移为50点，得到的文字偏移效果如图12-26所示。

07 依次单击"字符"面板中的"仿粗体"按钮 T 和"仿斜体"按钮 T，设置完之后，得到的文字效果如图12-27所示。

图 12-26　文字偏移效果

图 12-27　最终的文字效果

12.3.2　设置段落属性

创建段落文本后，用户可以在"段落"面板中设置段落文本的对齐和缩进方式。选择"窗口"|"段落"命令，或者单击属性栏中的字符和段落面板切换按钮 ，打开"段落"

面板，如图12-28所示。

"段落"面板中常用选项或按钮的作用分别如下。

图 12-28 "段落"面板

○ ⬛⬛⬛ ⬛⬛⬛ ⬛：这些按钮用于设置文本的对齐方式，从左向右可依次对文本应用左对齐、居中对齐、右对齐、最后一行左对齐、最后一行居中对齐、最后一行右对齐和全部对齐设置。

○ ⬛ 0点：用于设置段落文字从左向右缩进的距离。对于直排文字，用于控制文本从段落顶端向底部缩进。

○ ⬛ 0点：用于设置段落文字从右向左缩进的距离。对于直排文字，用于控制文本由段落底部向顶端缩进。

○ ⬛ 0点：用于设置文本首行缩进的空白距离。

○ ⬛ 0点：用于设置段前距离。

○ ⬛ 0点：用于设置段后距离。

【练习12-5】设置文字的段落属性

01 打开一幅图像，在图像中创建段落文本，如图12-29所示。

02 在属性栏中设置文字的字体为"方正大标宋_GBX"、大小为48点，效果如图12-30所示。

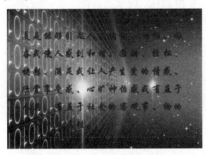

图 12-29 创建段落文字

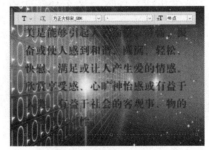

图 12-30 设置文字

03 打开"段落"面板，设置左缩进和右缩进为20点，并设置首行缩进为96点，如图12-31所示，得到的文字缩进效果如图12-32所示。

图 12-31 设置字符缩进

图 12-32 文字缩进效果

04 单击"居中对齐文本"按钮⬛，将段落文本居中对齐，效果如图12-33所示。

05 单击"全部对齐"按钮⬛，将段落文本两端对齐，效果如图12-34所示。

图12-33　居中对齐文本

图12-34　两端对齐文本

12.3.3　编辑变形文字

单击属性栏中的文字变形创建按钮，打开"变形文字"对话框，可以通过其中提供的变形样式创作艺术字体，如图12-35所示。

"变形文字"对话框中常用选项的作用分别如下。

- "样式"：单击右侧的下拉按钮，打开的下拉列表中提供了15种变形样式供用户选择，如图12-36所示。
- "水平"：设置文本沿水平方向进行变形。
- "垂直"：设置文本沿垂直方向进行变形。
- "弯曲"：设置文本的弯曲程度，当值为0时，表示没有任何弯曲。
- "水平扭曲"：设置文本在水平方向上的扭曲程度。
- "垂直扭曲"：设置文本在垂直方向上的扭曲程度。

图12-35　"变形文字"对话框

图12-36　15种变形样式

【练习12-6】创建扇形文字效果

01 打开一幅图像，使用横排文字工具在图像中输入文字，如图12-37所示。

02 在属性栏中单击变形文字创建按钮，打开"变形文字"对话框。单击"样式"右侧的下拉按钮，在弹出的下拉列表中选择"扇形"样式，然后设置"弯曲"参数，如图12-38所示。

03 单击"确定"按钮，返回到画面中，文字有了拱形弯曲效果，如图12-39所示。

图12-37　输入文字

图12-38　设置参数

图12-39　变形效果

12.4 文字的转换和栅格化

创建文字后，用户可以将文字转换为路径或形状，也可以对文字进行栅格化，以便进行更多的编辑处理。

12.4.1 将文字转换为路径

用户在Photoshop 2020中输入文字后，可以将文字转换为路径。将文字转换为路径后，就可以像操作任何其他路径那样存储和编辑文字，同时还能保持原有的文字图层不变。

【练习12-7】将文字转换为路径

01 打开一幅图像，使用横排文字工具在其中输入文字，如图12-40所示。

02 选择"文字"|"创建工作路径"命令，即可得到工作路径，隐藏文字图层后，路径效果如图12-41所示。

图 12-40 输入文字

图 12-41 创建工作路径

03 切换到"路径"面板，可以看到刚才创建的工作路径，如图12-42所示。

04 使用直接选择工具调整文字路径，在不改变原有文字的情况下，可以修改文字路径的形状，如图12-43所示。

图 12-42 "路径"面板

图 12-43 编辑路径

12.4.2 将文字转换为形状

在Photoshop 2020中，除了可以将文字转换为路径之外，还可以将文字转换为形状，以便对文字进行修改。

【练习12-8】将文字转换为形状

01 打开一幅图像,使用横排文字工具在图像中输入文字,如图12-44所示。"图层"面板中的文字图层如图12-45所示。

图 12-44 输入文字

图 12-45 文字图层

02 选择"文字"|"转换为形状"命令,将文字转换为形状,此时"图层"面板如图12-46所示。

03 当文字为矢量蒙版选择状态时,使用直接选择工具对文字形状的部分节点进行调整,可以改变文字的形状,如图12-47所示。

图 12-46 "图层"面板

图 12-47 改变文字的形状

❖ 注意:

文字在转换为路径或形状后,将不能再将作为文本进行编辑,但是可以使用编辑路径的相关工具,调整文字的形状、大小、位置和颜色等。

12.4.3 栅格化文字

在图像中输入文字后,不能直接对文字图层进行绘图操作,也不能对文字应用滤镜,只有在对文字进行栅格化处理后,才能进行进一步的编辑。

在"图层"面板中选择文字图层,如图12-48所示。然后选择"文字"|"栅格化文字图层"或"图层"|"栅格化"|"文字"命令,即可将文字图层转换为普通图层。将文字栅格化之后,图层缩览图也将发生相应变化,如图12-49所示。

图 12-48 选择文字图层

图 12-49 图层缩览图

❖ 注意：

当图像文件中的文字图层较多时，合并文字图层或者将文字图层与其他图层合并，同样可以将文字栅格化。

12.4.4 课堂案例——制作感恩节广告

下面制作感恩节广告，练习文字的输入和编辑操作，案例效果如图12-50所示。

案例分析

本案例首先添加旅游地的形象宣传图片；然后在其中绘制图像，输入文字，对文字应用图层样式，制作出特殊文字效果；最后添加介绍性文字，在属性栏中设置文字属性并排列文字。

操作步骤

图 12-50 案例效果

01 选择"文件"|"新建"命令，打开"新建文件"对话框，设置文件名称为"感恩节广告"、宽度和高度分别为60和80厘米，其他参数的设置如图12-51所示。

02 单击"确定"按钮，得到一幅空白图像。设置前景色为粉红色 (R250,G220,B232)，按Alt+Delete组合键填充图像，如图12-52所示。

图 12-51 新建图像文件

图 12-52 填充图像

03 打开"素材\第12章\层叠.psd"素材图像，如图12-53所示。使用移动工具将其移到当前编辑的图像中，调整大小，得到图层1。

04 打开"素材\第12章\花朵.psd"素材图像，使用移动工具将其移到当前编辑的图像中，适当调整大小，得到图层2。然后在"图层"面板中将图层2调整到图层1的下方，如图12-54所示。

图 12-53　素材图像

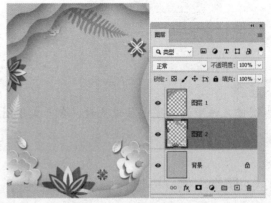

图 12-54　调整图层顺序

05 使用横排文字工具 T 在画面的上方输入文字，并在属性栏中设置字体为"方正兰亭黑简体"、颜色为浅灰色，如图12-55所示。

06 选择"文字"|"转换为形状"命令，将文字转换为形状，然后使用路径选择工具调整笔画形状，得到如图12-56所示的文字效果。

图 12-55　输入并设置文字（一）

图 12-56　调整笔画形状

07 选择"图层"|"图层样式"|"内阴影"命令，打开"图层样式"对话框，设置内阴影为黑色，其他内阴影参数的设置如图12-57所示。单击"确定"按钮，得到文字的内阴影效果。

08 使用横排文字工具在"感恩节"文字的下方输入一行文字，打开"字符"面板，设置字体为"方正兰亭准黑简体"、颜色为深红色(R189,G80,B101)，如图12-58所示。

图 12-57　设置内阴影参数　　　　　　　　图 12-58　输入并设置文字（二）

09 使用横排文字工具再输入一行文字，在属性栏中设置字体为"方正兰亭黑简体"、填充为深红色(R189,G80,B101)。然后选择其中的价格文字，改变字体为"方正兰亭大黑"，调整字号大小，效果如图12-59所示。

10 继续输入广告文字，在"字符"面板中设置字体为"方正兰亭黑简体"、颜色为黑色，如图12-60所示。

图 12-59　输入并设置文字（三）　　　　　图 12-60　输入并设置文字（四）

11 输入两行英文信息，填充为深红色(R189,G80,B101)，放到画面中如图12-61所示的位置。

12 在价格文字的下方输入一条虚线，再绘制一个粉红色矩形和一个白色边框矩形，在其中输入文字，填充为白色，如图12-62所示。

13 打开"素材\第12章\爱心.psd"素材图像，使用移动工具将其移到当前编辑的图像中，放到文字两侧，如图12-63所示。

图 12-61　输入并设置两行英文信息

图 12-62　绘制两个矩形并在其中输入文字

图 12-63　添加爱心素材图像

12.5　思考与练习

1. 使用_____工具可以在图像中创建水平文字。

　　A. 横排文字　　　　B. 直排文字　　　　C. 横排文字蒙版　　D. 直排文字蒙版

2. 在工具箱中选择_____工具,可以在图像中创建文字选区。

　　A. 横排文字　　　　B. 直排文字　　　　C. 文字蒙版　　　　D. 套索

3. 字符属性可以在_____中进行设置。

　　A. 属性栏和"字符"面板　　　　　　B. 属性栏和"段落"面板

　　C. 属性栏　　　　　　　　　　　　　D. "字符"面板

4. 单击属性栏中的_____按钮,打开"变形文字"对话框,可以通过其中提供的变形样式创作艺术字体。

　　A. 字符　　　　　　B. 对齐　　　　　　C. 文本颜色　　　D. 创建文字变形

5. 选择_____命令,可以将文字转换为工作路径。

　　A. "图层" | "创建工作路径"　　　　B. "文字" | "转换工作路径"

　　C. "转换" | "工作路径"　　　　　　D. "文字" | "创建工作路径"

6. 选择_____命令,可以将文字图层转换为普通图层。

　　A. "文字" | "栅格化"　　　　　　　B. "图层" | "栅格化文字图层"

　　C. "文字" | "栅格化文字图层"　　　D. "转换" | "文字图层"

7. 如何在Photoshop中创建段落文本?

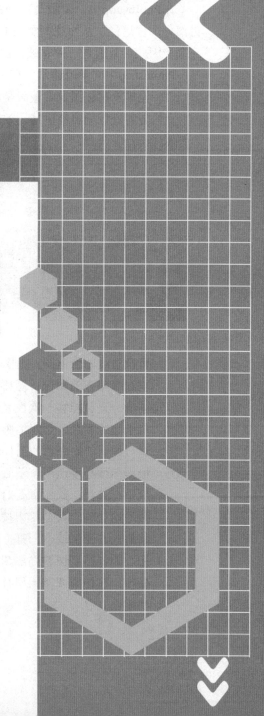

第13章

应用蒙版与通道

在Photoshop中，蒙版和通道是非常重要的功能。使用蒙版可以在不同的图像中制作出多种效果，还可以制作出高品质的影像合成；而通道不但可以保存图像的颜色信息，还可以存储选区，以方便用户选择更复杂的图像选区。

13.1 蒙版概述

蒙版是一种256色的灰度图像，可作为8位的灰度通道存放在图层或通道中，用户可以使用绘图编辑工具对它进行修改。

13.1.1 蒙版的功能

在Photoshop中，蒙版是一种图像遮盖工具，主要用于合成图像。用户可以使用蒙版将部分图像遮住，从而控制画面上显示的内容，这样做并不会删除图像，而只是将其隐藏起来。因此，蒙版是一种非破坏性的编辑工具。

Photoshop中的蒙版通常具有以下功能：

○ 无痕迹拼接图像。蒙版是Photoshop中的高级功能之一，其最大的作用就是在图像之间进行无痕迹拼接，效果如图13-1和图13-2所示。

图 13-1　两个图层中的图像　　　　　　　　　　　图 13-2　无痕迹拼接效果

○ 复杂边缘图像抠图。抠图是Photoshop中的常见操作。在抠图操作中，路径适合绘制边缘整齐的图像；魔棒工具适合绘制颜色单一的图像；套索工具适合绘制边缘清晰一致且能够一次性完成的图像；通道适合绘制影调能够区分的图像。但是，对于边缘复杂、边缘清晰度不一、画面零碎、颜色丰富、影调跨度大的图像，不适合使用前面介绍的工具进行抠图，此时蒙版工具便派上用场了。

○ 根据图像亮度运用灰蒙版。在使用蒙版遮挡图像时，通常需要根据图像本身的亮度进行遮挡。比如，要对某幅图像做影调或色调方面的处理，但是又不想对全图做平均处理，只是希望按照图像的亮度关系，让图像中越亮的地方变化越大、越暗的地方变化越小。要想准确地控制好这种亮度区域，就需要使用灰蒙版。

○ 配合调整图层调整局部图像。使用调整图层对图像进行调整是图像处理中的高级操作。在使用调整图层时，要想随心所欲地调整局部图像，离不开图层蒙版的密切配合。

13.1.2 蒙版的种类

Photoshop 2020提供了3种蒙版：图层蒙版、剪贴蒙版和矢量蒙版。

- 图层蒙版：通过蒙版中的灰度信息来控制图像的显示区域，可用于合成图像，也可以控制填充图层、调整图层、智能滤镜的有效方位。
- 剪贴蒙版：通过对象的形状来控制其他图层的显示区域。
- 矢量蒙版：通过路径和矢量形状控制图像的显示区域。

13.1.3 认识蒙版的"属性"面板

蒙版的"属性"面板用于调整所选图层中的图层蒙版和矢量蒙版的不透明度及羽化范围。在图像中创建蒙版后，选择"窗口"|"属性"命令，可以打开蒙版的"属性"面板，如图13-3所示。

图13-3中常用选项或按钮的作用分别如下。

图 13-3 蒙版的"属性"面板

- "图层蒙版"：此处用于显示你在"图层"面板中选择的蒙版类型，这里显示的是"图层蒙版"，可在"属性"面板中进行编辑。
- 图层蒙版选择按钮■：单击该按钮，可以为当前图层添加图层蒙版。
- 矢量蒙版选择按钮■：单击该按钮，可以为当前图层添加矢量蒙版。
- "密度"：拖动下方滑块可以控制蒙版的不透明度，也就是蒙版的遮盖强度。
- "羽化"：拖动下方滑块可以柔化蒙版的边缘。
- "选择并遮住蒙版边缘"按钮：单击该按钮，可以针对不同的背景查看和修改蒙版边缘，这些操作与调整选区边缘基本相同。
- "颜色范围"按钮：单击该按钮将打开"颜色范围"对话框，可以通过在图像中取样并调整颜色容差来修改蒙版范围。
- "反相"按钮：单击该按钮，可以翻转蒙版的遮挡区域。
- ■：单击该按钮，可以载入蒙版中包含的选区。
- 蒙版应用按钮■：单击该按钮，可以将蒙版应用到图像中，同时删除被蒙版遮盖的图像。
- 蒙版停用/启用按钮■：单击该按钮，可以停用(或重新启用)蒙版，停用蒙版时，蒙版缩览图上会出现红色的×，如图13-4所示。
- 蒙版删除按钮■：单击该按钮，可以删除当前选择的蒙版。

图 13-4 停用蒙版时的蒙版缩览图

13.2 使用蒙版

在了解了蒙版的特点后，接下来学习蒙版的具体使用方法，包括图层蒙版、矢量蒙版和剪贴蒙版的使用。

13.2.1 图层蒙版

使用图层蒙版可以隐藏或显示图层中的部分图像。用户可以通过图层蒙版显示下一层图像中原来已经遮罩的部分。图层蒙版通常用于制作抠图合成效果。

单击"图层"面板底部的"添加图层蒙版"按钮 ■，即可添加一个图层蒙版，如图13-5所示。添加图层蒙版后，可以在"图层"面板中对图层蒙版进行编辑。使用鼠标右击蒙版缩览图，在弹出的菜单中可以选择想要执行的命令，如图13-6所示。

图 13-5　添加一个图层蒙版

图 13-6　选择命令

○ "停用图层蒙版"：暂时不显示图像中添加的蒙版效果。

○ "删除图层蒙版"：彻底删除应用的图层蒙版效果，使图像回到原始状态。

○ "应用图层蒙版"：将蒙版图层变成普通图层，之后将无法对蒙版状态进行编辑。

【练习13-1】使用图层蒙版进行抠图

01 打开"素材\第13章\灯泡.jpg"和"人物.jpg"素材图像，然后将人物图像拖入灯泡图像中，如图13-7所示，此时"图层"面板如图13-8所示。

图 13-7　将人物图像拖入灯泡图像中

图 13-8　"图层"面板

02 选择图层1，单击"图层"面板底部的"添加图层蒙版"按钮 ▣ ，即可添加一个图层蒙版，如图13-9所示。

03 设置前景色为黑色。然后在工具箱中选择画笔工具，在属性栏中选择柔角样式，涂抹建筑物背景图像，涂抹之处将被隐藏，如图13-10所示，此时"图层"面板如图13-11所示。

图13-9　添加一个图层蒙版　　　图13-10　涂抹效果　　　图13-11　图层蒙版的状态

❖ 注意：

对图层蒙版进行编辑时，在"图层"面板中，蒙版缩览图的黑色区域代表的图像为透明状态(被隐藏)，白色区域代表的图像为显示状态。

13.2.2　矢量蒙版

用户可以通过钢笔工具或形状工具创建蒙版，这种蒙版就是矢量蒙版。矢量蒙版可在图层上创建锐边形状，无论何时，如果需要添加边缘清晰分明的设计元素，那么可以使用矢量蒙版。

【练习13-2】添加矢量蒙版

01 打开"素材\第13章\宝宝.jpg"和"木纹.jpg"素材图像，然后将木纹图像拖入宝宝图像中，重叠放置，如图13-12所示。

02 在工具箱中选择自定形状工具，通过"形状"面板载入旧版形状，然后在属性栏中单击"形状"右侧的下拉按钮，在弹出的下拉面板中选择旧版形状中的"边框7"图形，如图13-13所示。

图13-12　重叠放置木纹图像和宝宝图像　　　图13-13　选择"边框7"图形

249

03 在图像窗口中绘制一个矢量边框图形，如图13-14所示。

04 在工具箱中选择直接选择工具，然后对边框进行修改，如图13-15所示。

图13-14　绘制一个矢量边框图形

图13-15　修改边框

05 在工具箱中重新选择自定形状工具，然后在属性栏中单击"蒙版"按钮，如图13-16所示；即可创建一个矢量蒙版，如图13-17所示。

图13-16　单击"蒙版"按钮

图13-17　创建矢量蒙版

❖ 注意：

创建矢量蒙版后，需要选择"图层"|"栅格化"|"矢量蒙版"命令，才可以对矢量蒙版进行编辑。

13.2.3　剪贴蒙版

剪贴蒙版可以使用某个图层中包含像素的区域来限制上方图层中图像的显示范围。剪贴蒙版的最大优点是可以通过一个图层来控制多个图层的可见内容，而图层蒙版和矢量蒙版只能控制一个图层。

用户可以在剪贴蒙版中使用多个图层，但要求它们必须是连续的图层。剪贴蒙版中基底图层的名称带下画线，上方图层的缩览图是缩进的，叠加的图层将显示剪贴蒙版图标。

【练习13-3】制作剪贴效果

01 打开"素材\第13章\周年庆.psd"素材图像，如图13-18所示。在"图层"面板中可以看到除背景图层外，还有两个普通图层，如图13-19所示。

02 打开"素材\第13章\背景花朵.psd"素材图像，使用移动工具将其拖入周年庆图像中，这时"图层"面板中将自动增加一个新的图层，如图13-20所示。

03 选择"图层"|"创建剪贴蒙版"命令，即可得到剪贴蒙版效果，"图层"面板中的花朵图层将变成剪贴图层，如图13-21所示，图像效果如图13-22所示。

图 13-18 素材图像

图 13-19 "图层"面板

图 13-20 "图层"面板中自动
添加了花朵图层

图 13-21 花朵图层变成剪贴图层

图 13-22 剪贴效果

13.2.4 课堂案例——制作化妆品淘宝促销广告

下面制作化妆品淘宝促销广告，练习图层蒙版和剪贴蒙版的使用，通过隐藏图像，得到想要的画面效果，案例效果如图13-23所示。

图 13-23 案例效果

案例分析

本案例主要练习将图像组合在一起，然后为图像添加图层蒙版，使用画笔工具涂抹图像，得到图像隐藏效果。最后绘制图像，通过为文字创建剪贴蒙版，得到更加鲜艳的文字效果。

操作步骤

01 选择"文件"|"新建"命令，打开"新建文件"对话框，设置文件名称为"化妆品淘宝促销广告"、宽度和高度分别为1920和900像素，如图13-24所示。

02 设置前景色为粉红色（R228,G187,B195），按Alt+Delete组合键填充背景，如图13-25所示。

图 13-24 新建图像文件　　　　　　　　　　　图 13-25 填充背景

03 打开"素材\第13章\化妆品.jpg"素材图像，使用移动工具将其拖入当前编辑的图像中，放到画面的右侧，如图13-26所示。

04 单击"图层"面板底部的图层蒙版添加按钮 ◙ ，使用画笔工具在素材图像的左侧进行涂抹，隐藏图像边缘，如图13-27所示。

图 13-26 添加素材图像　　　　　　　图 13-27 添加图层蒙版并隐藏素材图像的左侧边缘

05 新建一个图层，设置较深一些的粉红色，使用画笔工具为画面边缘绘制暗角。再次新建图层，设置前景色为白色，在画面的左侧绘制较亮的图像效果，适当调整图层的不透明度为75%，效果如图13-28所示。

06 打开"素材/第13章/装饰图像.psd"素材图像，将其拖入当前编辑的图像中，放到画面的周围，如图13-29所示。

图 13-28 图像效果　　　　　　　　　　图 13-29 添加装饰素材图像

07 使用横排文字工具 **T**，在画面的左侧输入一行广告文字，并在属性栏中设置字体为"方正小标宋体"，填充为深红色（R101,G18,B46），如图13-30所示。

08 新建一个图层，设置前景色为粉红色（R247,G177,B195），使用画笔工具在文字中绘制粉红色图像，如图13-31所示。

图13-30 输入并设置文字

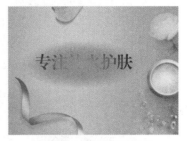

图13-31 绘制粉红色图像

09 设置图层混合模式为"叠加"，然后选择"图层"|"创建剪贴蒙版"命令，得到剪贴蒙版效果，如图13-32所示。

10 使用矩形选框工具在文字的下方绘制一个矩形选区，填充为粉红色。然后使用横排文字工具输入其他广告文字，分别填充为粉红色和白色，参照图13-33排列文字即可完成这个案例。

图13-32 剪贴蒙版效果

图13-33 输入其他文字

13.3 快速蒙版

快速蒙版是一种临时蒙版，使用快速蒙版只能建立图像选区，不会对图像进行修改。快速蒙版需要借助其他工具来绘制选区，然后才能进行编辑。

【练习13-4】使用快速蒙版调整图像局部色彩

01 打开"素材\第13章\金发美女.jpg"素材图像，如图13-34所示。

02 单击工具箱底部的"以快速蒙版模式编辑"按钮，进入快速蒙版编辑模式。你可以在"通道"面板中看到新建的快速蒙版，如图13-35所示。

03 在工具箱中选择画笔工具 ✎，涂抹画面中人物的头发，涂抹的颜色为红色，效果如图13-36所示。"通道"面板中显示了涂抹状态，如图13-37所示。

图 13-34　素材图像

图 13-35　查看新建的快速蒙版

图 13-36　涂抹人物的头发

图 13-37　查看涂抹状态

04　单击工具箱中的"以标准模式编辑"按钮或按Q键，返回到标准模式，获取图像选区，如图13-38所示。

05　选择"选择"|"反向"命令，将选区反向。

06　选择"图像"|"调整"|"色相/饱和度"命令，打开"色相/饱和度"对话框，调整图像的色相和饱和度，如图13-39所示。

07　单击"确定"按钮，返回到画面中，效果如图13-40所示。

图 13-38　获取图像选区

图 13-39　调整图像的色相和饱和度

图 13-40　图像效果

13.4　认识通道

　　在Photoshop中，通道的功能非常重要。用户可以使用通道快捷地创建部分图像的选区，还可以使用通道制作一些效果特殊的图像。

13.4.1 "通道"面板

在Photoshop中，打开的图像都会在"通道"面板中自动创建颜色信息通道，如图13-41所示。如果图像文件有多个图层，那么每个图层都有一个颜色通道。

图 13-41　"通道"面板

在"通道"面板的底部，各个工具按钮的作用分别如下。

○ ⚪：单击该按钮，可以将当前通道中的图像转换为选区。

○ ◼：单击该按钮，可以自动创建一个Alpha通道，图像中的选区将存储为遮罩。

○ ▣：单击该按钮，可以创建一个新的Alpha通道。

○ 🗑：单击该按钮，可以删除当前选择的通道。

13.4.2 通道的类型

通道的功能根据通道所属类型的不同而不同，通道包括颜色通道、Alpha通道和专色通道3种类型。

1. 颜色通道

颜色通道主要用于描述图像的色彩信息，不同颜色模式的图像有不同的颜色通道。例如，RGB颜色模式的图像有红(R)、绿(G)、蓝(B) 3个默认通道，如图13-42所示；CMYK颜色模式的图像有青色(C)、洋红(M)、黄色(Y)、黑色(K) 4个默认通道，如图13-43所示。

图 13-42　RGB 图像的通道

图 13-43　CMYK 图像的通道

在"通道"面板中选择的颜色通道不同，显示的图像效果也会不一样，如图13-44～图13-46所示。

图 13-44　RGB 图像的红色通道

图 13-45　RGB 图像的绿色通道

图 13-46　RGB 图像的蓝色通道

2. Alpha 通道

Alpha通道是用于存储图像选区的蒙版。Alpha通道会将选区存储为8位的灰度图像并放入"通道"面板中，从而处理隔离和保护图像的特定部分。因此，Alpha通道不能存储图像的颜色信息。

> ❖ **注意:**
>
> 只有以支持图像颜色模式的格式(如PSD、PDF、PICT、TIFF、RAW等格式)存储文件时，才能保留Alpha通道，以其他格式存储文件可能会导致通道信息丢失。

3. 专色通道

专色是指除了CMYK以外的颜色。专色通道主要用于记录专色信息，指定用于专色(如银色、金色及特种色等)油墨印刷的附加印版。

13.5　创建通道

在Photoshop中，图像都有颜色通道。在编辑图像的过程中，用户还可以根据需要创建Alpha通道或专色通道。

13.5.1　创建Alpha通道

Alpha通道用于存储选择范围，可进行多次编辑。用户可以通过载入图像选区，然后创建Alpha通道来对图像进行编辑。

【练习13-5】创建Alpha通道

01 打开"素材\第13章\跑车.jpg"素材图像，然后选择"窗口"|"通道"命令，打开"通道"面板，如图13-47所示。

02 单击"通道"面板底部的按钮 ⊡，即可创建一个Alpha通道，如图13-48所示。

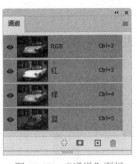

图 13-47 "通道"面板

图 13-48 创建一个 Alpha 通道

03 单击"通道"面板右上角的按钮，在弹出的菜单中选择"新建通道"命令，打开"新建通道"对话框，如图13-49所示。设置完各个选项后单击"确定"按钮，即可在"通道"面板中创建另一个Alpha通道，如图13-50所示。

图 13-49 "新建通道"对话框

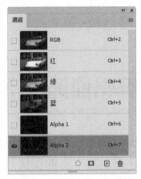

图 13-50 创建另一个 Alpha 通道

04 在图像窗口中创建一个选区，如图13-51所示。

05 单击"通道"面板底部的按钮，即可将选区存储到自动创建的第三个Alpha通道中，如图13-52所示。

图 13-51 创建一个选区

图 13-52 存储选区为 Alpha 通道

❖ **注意：**

将选区存储为Alpha通道后，如果图像中的选区被取消选中，只要在"通道"面板中选中选区通道，单击按钮即可重新载入选区。此外，在按住Ctrl键的同时，单击选区通道的图标，也可以重新载入选区。

13.5.2 创建专色通道

单击"通道"面板右上角的按钮▤，在弹出的菜单中选择"新建专色通道"命令，打开"新建专色通道"对话框，如图13-53所示。在该对话框中输入新通道的名称后按Enter键确定，即可创建专色通道，如图13-54所示。

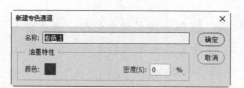

图 13-53 "新建专色通道"对话框　　　　　图 13-4 创建的专色通道

13.6 编辑通道

在使用通道对图像进行处理的过程中，通常还需要在"通道"面板中对通道进行相关操作，才能创建出更加丰富的图像效果。

13.6.1 选择通道

为了对通道进行编辑，首先需要选择通道。在"通道"面板中单击某一通道即可选择该通道，如图13-55所示；按住Shift键的同时，在"通道"面板中逐一单击通道，即可同时选择多个通道，如图13-56所示。

图 13-55 选择单个通道　　　　　　　图 13-56 选择多个通道

13.6.2 通道与选区的转换

如果在图像中创建了选区，那么单击"通道"面板底部的按钮▣，即可将选区保存到

Alpha通道中，如图13-57所示。

在"通道"面板中选择要载入选区的Alpha通道，然后单击"通道"面板底部的按钮，即可载入Alpha通道中的选区；另外，在按住Ctrl键的同时，单击"通道"面板中的Alpha通道，也可以载入Alpha通道中的选区，如图13-58所示。

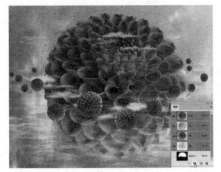

图 13-57　在通道中保存选区　　　　　　　图 13-58　在图像中载入选区

13.6.3　复制通道

在Photoshop中，不但可以将通道复制到同一个文档中，还可以将通道复制到新建的文档中。通道的复制操作可以在"通道"面板中进行。

【练习13-6】复制图像中的通道

01 打开"素材\第13章\跑车.jpg"素材图像，在"通道"面板中选择需要复制的通道(如"红"通道)，然后按住鼠标左键，将该通道拖动到"通道"面板底部的按钮⊞上，如图13-59所示。

02 当光标变成手掌形状✋时释放鼠标，即可复制选择的通道，如图13-60所示。

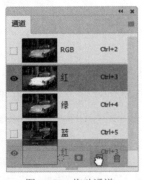
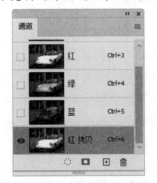

图 13-59　拖动通道　　　　　　图 13-60　通过复制得到的通道

03 使用鼠标右击另一个需要复制的通道，在弹出的菜单中选择"复制通道"命令，如图13-61所示。

04 在打开的"复制通道"对话框中，从"文档"下拉列表中选择"新建"选项，如图13-62所示。

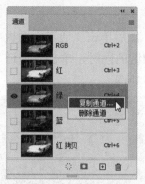

图 13-61　选择"复制通道"命令

图 13-62　选择"新建"选项

05 在"复制通道"对话框中对通道和文档进行命名，如图13-63所示。

06 单击"确定"按钮，即可将指定的通道复制到新的文档中，效果如图13-64所示。

图 13-63　对通道和文档进行命名

图 13-64　复制通道到新的文档中

13.6.4　删除通道

多余的通道会改变图像文件的大小，还会影响计算机的运行速度。因此，在完成图像的处理后，可以将多余的通道删除。

删除通道的常用方法有以下4种：

○ 选择需要删除的通道，按住鼠标左键将其拖动到"通道"面板底部的按钮 上。

○ 选择需要删除的通道，单击"通道"面板底部的按钮 ，然后在弹出的提示框中单击"是"按钮。

○ 选择需要删除的通道，用鼠标右击，在弹出的菜单中选择"删除通道"命令。

○ 选择需要删除的通道，单击"通道"面板右上方的按钮 ，在弹出的菜单中选择"删除通道"命令。

13.6.5　通道的分离与合并

在Photoshop中，通过对通道进行分离与合并，可以得到更加丰富的图像效果。通道的分离是指将一幅图像的各个通道分开，各个通道中的图像会成为拥有独立图像窗口和"通道"面板的独立文件，用户可以对各个通道文件进行独立编辑。对各个通道文件完成编辑后，可将各个独立的通道文件合成单个图像文件，这就是通道的合并。

【练习13-7】对图像的通道进行分离与合并

01 打开一幅素材图像，可在"通道"面板中查看图像的通道信息，如图13-65所示。

图13-65 图像及对应的通道

02 单击"通道"面板右上方的按钮■，在弹出的菜单中选择"分离通道"命令，系统会自动将图像按分色通道的数目分解为3幅独立的灰度图像，如图13-66所示。

图13-66 分离通道后生成的图像

03 选中分离出来的绿色通道图像，选择"滤镜"|"扭曲"|"水波"命令，在打开的对话框中设置参数并单击"确定"按钮，如图13-67所示，此时绿色通道图像的效果如图13-68所示。

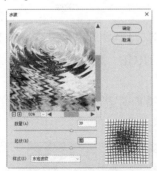

图13-67 设置水波效果　　　　图13-68 为绿色通道图像应用水波效果

04 选中任意通道，单击"通道"面板右上方的按钮■，在弹出的菜单中选择"合并通道"命令，在打开的"合并通道"对话框中设置合并后图像的颜色模式为"RGB颜色"，如图13-69所示。

05 单击"确定"按钮，然后在打开的"合并RGB通道"对话框中直接单击"确定"按钮，即可合并通道，得到的图像相比原来的图像多了背景纹理，效果如图13-70所示。

图 13-69 "合并通道"对话框　　　　图 13-70 合并通道后的图像

13.6.6 通道的运算

在Photoshop中，可以对同一幅图像的不同通道或两幅不同图像中的通道进行运算，从而得到图像的混合效果。

【练习13-8】对两幅图像进行通道运算

01 打开"素材\第13章\海景.jpg"和"城堡.jpg"素材图像，如图13-71和图13-72所示。

图 13-71 海景素材图像　　　　图 13-72 城堡素材图像

02 选择海景素材图像为当前图像，然后选择"图像"|"应用图像"命令，打开"应用图像"对话框，设置源图像为城堡素材图像、通道为RGB、混合模式为"强光"，如图13-73所示。

03 单击"确定"按钮，海景素材图像中的部分图像即可混合到城堡素材图像中，如图13-74所示。

图 13-73 设置参数　　　　图 13-74 混合通道后的图像效果

13.6.7 课堂案例——制作艺术边框

下面制作艺术边框效果，练习通道的创建、通道与选区的转换以及选区的载入等操作，案例效果如图13-75所示。

图 13-75 案例效果

案例分析

本案例首先新建一个Alpha通道；然后在这个Alpha通道中绘制选区并填充颜色，通过执行滤镜命令来对通道的边框进行编辑；最后载入Alpha通道选区，对图像的边框进行编辑。

操作步骤

01 打开"素材\第13章\雪景.jpg"素材图像，如图13-76所示。

02 打开"通道"面板，单击"通道"面板底部的按钮 ⊞，创建一个Alpha通道，如图13-77所示。

图 13-76 素材图像

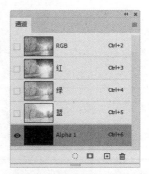

图 13-77 创建 Alpha 通道

03 在工具箱中选择套索工具，然后沿图像边缘绘制选区，填充为白色，如图13-78所示。

04 按Ctrl+D组合键取消选区。

05 选择"滤镜"|"滤镜库"命令，在打开的对话框中选择"画笔描边"|"喷溅"滤镜，然后设置参数并单击"确定"按钮，如图13-79所示。

图 13-78　绘制并填充选区

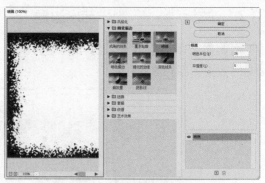

图 13-79　设置喷溅滤镜的参数

06 选择RGB通道，然后按住Ctrl键单击Alpha 1通道，载入Alpha 1通道选区。选择RGB通道，再按Shift+Ctrl+I组合键反选选区，如图13-80所示。

图 13-80　反选选区

07 将选区填充为白色，然后取消选中选区，如图13-81所示。

图 13-81　填充选区后取消选中选区

08 双击背景图层，在打开的对话框中保持默认设置，如图13-82所示。单击"确定"按钮，将背景图层转换为普通图层，如图13-83所示。

09 新建一个图层，将其放到图层0的下方并填充为白色。

图 13-82 保持默认设置

图 13-83 转换图层

10 选中图层0，然后选择"图层"|"图层样式"|"外发光"命令，在打开的"图层样式"对话框中设置外发光颜色为黑色，其余参数的设置如图13-84所示。

11 单击"确定"按钮，得到图像的外发光效果。按Ctrl+T组合键适当缩小图像，完成本案例的制作，效果如图13-85所示。

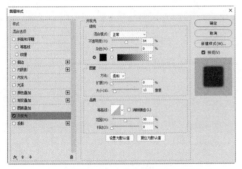

图 13-84 设置外发光参数

图 13-85 完成效果

13.7 思考与练习

1. 蒙版是一种_____色的灰度图像，可作为8位的灰度通道存放在图层或通道中。

    A. 8   B. 32   C. 64   D. 256

2. _____是一种临时蒙版，使用时只能建立图像的选区，不能对图像进行修改。

    A. 快速蒙版   B. 图层蒙版   C. 矢量蒙版   D. 通道蒙版

3. 使用_____可以隐藏或显示图层中的部分图像。

    A. 快速蒙版   B. 图层蒙版   C. 矢量蒙版   D. 通道蒙版

4. Photoshop中的通道包括_____3种类型。

    A. 颜色通道、Alpha通道和专色通道

    B. 色彩通道、Alpha通道和专色通道

    C. 颜色通道、色阶通道和专色通道

    D. 颜色通道、色阶通道和Alpha通道

5. _____通道主要用于描述图像的色彩信息。

    A. Alpha通道   B. 颜色通道   C. 色阶通道   D. 专色通道

6. _____通道是用于存储图像选区的蒙版，它会将选区存储为8位的灰度图像并放入"通道"面板中，从而处理隔离和保护图像的特定部分，因而这种通道不能存储图像的颜色信息。

    A. Alpha通道   B. 颜色通道   C. 色阶通道   D. 专色通道

7. Photoshop提供了哪几种蒙版？

8. 如何在通道中保存和载入选区？

9. 在Photoshop中，通道的分离与合并指的是什么？

第14章

应用滤镜

在Photoshop中使用滤镜可以制作出许多不同的效果。在使用滤镜时，参数的设置是非常重要的，用户在学习的过程中可以大胆尝试，从而了解各种滤镜的效果及特点。

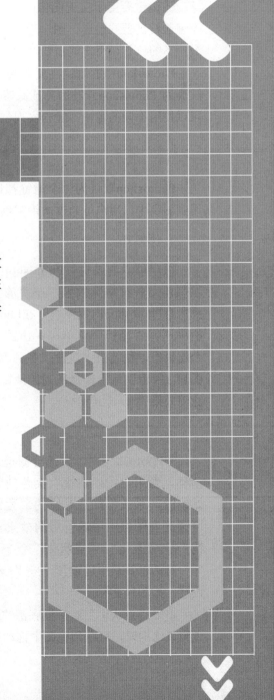

14.1 滤镜基础

使用Photoshop的滤镜功能可以创建出各种各样的图像特效。Photoshop 2020提供了约100种滤镜，可以创建纹理、杂色、扭曲和模糊等多种效果。

14.1.1 认识滤镜

滤镜主要用于实现图像的各种特殊效果，它们在Photoshop中具有非常神奇的作用。滤镜通常需要同通道、图层等配合使用，才能取得最佳的艺术效果。如果想将滤镜应用到最适当的位置，用户就需要对滤镜的功能非常熟悉，甚至需要具有很丰富的想象力。

Photoshop中的滤镜主要分为两大类：一类是Photoshop自带的滤镜；另一类是第三方厂商为 Photoshop开发的外挂滤镜，外挂滤镜数量较多，而且种类多、功能也不同。用户可以使用不同的滤镜，轻松实现创作意图。

14.1.2 常用滤镜的使用方法

Photoshop默认为每个滤镜都设置了效果。当应用滤镜时，滤镜自带的效果就会被应用到图像中，用户可通过滤镜提供的参数对图像效果进行调整。

1. 选择滤镜

用户可以通过执行Photoshop中的滤镜命令为图像制作出各种特殊效果。在"滤镜"菜单中可以找到所有Photoshop内置滤镜。在Photoshop 2020的菜单栏中选择"滤镜"菜单，弹出的下拉菜单中包括多个滤镜组，滤镜组中包含了多种不同的滤镜效果，如图14-1所示。从中选择所需的滤镜，即可得到相应的滤镜效果。

2. 预览并设置滤镜

在Photoshop中，大部分滤镜都拥有参数设置对话框。当用户在"滤镜"菜单的下拉菜单选择一种滤镜时，系统将打开对应的参数设置对话框，从中可预览为图像应用滤镜后的效果。例如，选择"滤镜"|"像素化"|"点状化"命令，即可打开"点状化"对话框，从中可以预览应用后的效果并进行各项设置，如图14-2所示。

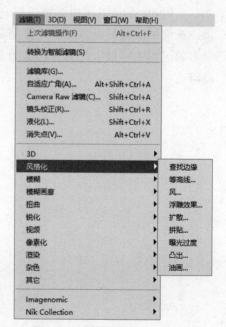

图 14-1 "滤镜"菜单的下拉菜单

单击"点状化"对话框底部的▬或➕按钮，可缩小或放大预览图。当预览图放大到超过窗口比例时，可在预览图中拖动显示图像的特定区域，如图14-3所示。

 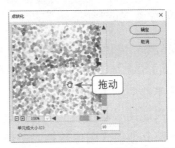

图 14-2 "点状化"对话框   图 14-3 在预览图中拖动显示图像的特定区域

❖ **注意:**

对图像应用滤镜后，如果发现效果不明显，可按Alt+Ctrl+F组合键再次应用该滤镜。

14.1.3 滤镜库的使用方法

在滤镜库中不但可以实时预览滤镜对图像产生的作用，还可以在操作过程中为图像添加多种滤镜。Photoshop 2020的滤镜库整合了"风格化""扭曲""画笔描边""素描""纹理""艺术效果"6个滤镜组。

打开一幅图像，选择"滤镜"|"滤镜库"命令，即可打开"滤镜库"对话框，如图14-4所示。

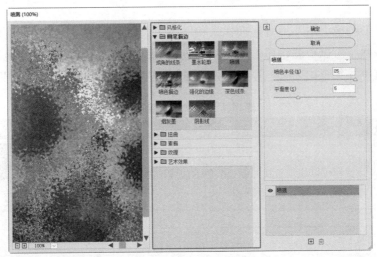

图 14-4 "滤镜库"对话框

在"滤镜库"对话框中可以进行以下操作:

○ 在中间的滤镜列表中展开某个滤镜组，单击其中一种滤镜，可在左侧的预览框中查看应用这种滤镜后的效果。

○ 单击对话框右下角的"新建效果图层"按钮 ⊡，可新建效果图层；单击"删除效果图层"按钮 🗑，可删除效果图层。

○ 单击滤镜列表右上方的按钮🔼，可隐藏滤镜列表，从而增加预览框的大小。

14.1.4 应用滤镜时的注意事项

虽然Photoshop提供了许多不同的滤镜，可以产生不同的图像效果，但在使用滤镜功能时需要注意以下事项：

- ⭕ 滤镜不能应用于位图模式图像、索引颜色图像以及16位/通道图像，并且某些滤镜功能只能用于RGB模式图像，而不能用于CMYK模式图像，用户可通过"模式"菜单将其他模式图像转换为RGB模式图像。
- ⭕ 滤镜是以像素为单位对图像进行处理的。因此，在对不同像素的图像应用相同参数的滤镜时，产生的效果也会不同。
- ⭕ 在对分辨率较高的图像应用某些滤镜功能时，由于要占用较多的内存空间，因此可能造成计算机运行速度缓慢或停止响应。

14.2 常用滤镜功能详解

本节将介绍常用滤镜的使用方法，涉及"风格化""画笔描边""扭曲""素描""纹理""艺术效果"滤镜组。

14.2.1 "风格化"滤镜组

"风格化"滤镜组主要通过置换像素和增加图像的对比度，使图像产生印象派及其他风格化效果。除了可以在滤镜库中找到照亮边缘滤镜之外，还可以在"滤镜"菜单的"风格化"子菜单中找到查找边缘、等高线、风等其他9种风格化滤镜效果，如表14-1所示。

表14-1 "风格化"滤镜组

滤镜名称	滤镜功能	滤镜效果
照亮边缘	该滤镜可以通过查找并标识颜色的边缘，为图像增加类似霓虹灯的亮光效果	
查找边缘	该滤镜可以找出图像主要色彩的变化区域，使之产生用铅笔勾画过的轮廓效果	
等高线	使用该滤镜可以查找图像的亮区和暗区边界，并对边缘绘制出线条比较细、颜色比较浅的线条效果	

(续表)

滤镜名称	滤镜功能	滤镜效果
风	使用该滤镜可以模拟风吹效果，为图像添加一些短而细的水平线	
浮雕效果	使用该滤镜可以描边图像，使图像显现凸起或凹陷效果，并且能将图像的填充色转换为灰色	
扩散	使用该滤镜可以产生透过磨砂玻璃观察图像的分离模糊效果	
拼贴	使用该滤镜可以将图像分解为指定数目的方块，并且将这些方块从原来的位置移动一定的距离	
曝光过度	使用该滤镜可以使图像产生正片和负片混合的效果，类似于摄影中通过增加光线强度产生的曝光过度效果	
凸出	使用该滤镜可使选区或图层产生一系列块状或金字塔状的三维纹理效果	
油画	使用该滤镜可以使图像产生类似于油画的效果	

❖ 注意：

　　"风格化"子菜单中的"油画"命令呈灰色状态时表示油画滤镜不可用。油画在除RGB外的其他颜色空间(如 CMYK、Lab 等颜色空间)中无法正常工作。此外，仅当显卡是支持 OpenGL 1.1或其更高版本的升级型显卡时，才能使用油画滤镜。

【练习14-1】制作抽象的拼贴画

01 选择"文件"|"打开"命令,打开"素材\第14章\举手.jpg"素材图像,如图14-5所示。

02 选择"滤镜"|"风格化"|"查找边缘"命令,得到的滤镜效果如图14-6所示。

图 14-5　素材图像　　　　　　　　图 14-6　查找边缘滤镜效果

03 选择"滤镜"|"风格化"|"扩散"命令,打开"扩散"对话框,选中"变暗优先"单选按钮,如图14-7所示。单击"确定"按钮,得到扩散滤镜效果,如图14-8所示。

图 14-7　设置扩散参数　　　　　　　图 14-8　扩散滤镜效果

04 设置背景色为白色。选择"滤镜"|"风格化"|"拼贴"命令,打开"拼贴"对话框,设置拼贴数为10,选中"背景色"单选按钮,如图14-9所示。

05 单击"确定"按钮,返回到画面中。按Alt+Ctrl+F组合键再次应用拼贴滤镜,效果如图14-10所示。

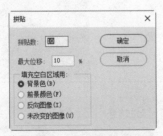

图 14-9　设置拼贴参数　　　　　　　图 14-10　拼贴滤镜效果

14.2.2　"画笔描边"滤镜组

"画笔描边"滤镜组中的滤镜全部位于滤镜库中,在"滤镜库"对话框中展开"画笔描边"滤镜组，可以选择和设置其中的各个滤镜。"画笔描边"滤镜组中的滤镜主要用于通过模拟不同的画笔或油墨笔刷来勾画图像，从而产生绘画效果，如表14-2所示。

表14-2 "画笔描边"滤镜组

滤镜名称	滤镜功能	滤镜效果
成角的线条	使用该滤镜可以使图像中的颜色产生倾斜划痕效果，图像中较亮的区域用某个方向的线条绘制，较暗的区域则用相反方向的线条绘制	
墨水轮廓	使用该滤镜可以产生类似钢笔绘图的风格，用细线条针对原图细节重绘图像	
喷溅	使用该滤镜可以模拟喷枪绘图的工作原理，使图像产生喷溅效果	
喷色描边	该滤镜采用图像的主导色，使用成角的喷溅颜色增加斜纹飞溅效果	
强化的边缘	该滤镜的作用是强化勾勒图像的边缘	
深色线条	该滤镜先用粗短、绷紧的线条绘制图像中接近深色的颜色区域，再用细长的白色线条绘制图像中较浅的区域	
烟灰墨	该滤镜可以模拟使用饱含墨汁的湿画笔在宣纸上进行绘制的效果	
阴影线	该滤镜将保留原始图像的细节和特征，但会使用阴影线添加纹理，并且色彩区域的边缘会变粗糙	

14.2.3 "扭曲"滤镜组

"扭曲"滤镜组中的滤镜主要用于对当前图层或选区内的图像进行各种各样的扭曲变形处理，使图像产生三维或其他变形效果。除了可以通过滤镜库应用玻璃、海洋波纹和扩散亮光滤镜效果外，还可以通过"滤镜"菜单的"扭曲"子菜单应用波浪、极坐标、挤压等其他扭曲滤镜效果，如表14-3所示。

表14-3 "扭曲"滤镜组

滤镜名称	滤镜功能	滤镜效果
玻璃	使用该滤镜可以为图像添加一种玻璃效果，还可以设置玻璃的种类，使图像看起来像是透过不同类型的玻璃来查看	
海洋波纹	使用该滤镜可以随机分隔波纹，将其添加到图像表面	
扩散亮光	使用该滤镜能将背景中的光晕添加到图像中较亮的区域，使图像产生一种弥漫的光漫射效果	
波浪	使用该滤镜能模拟图像波动的效果，是一种较为复杂但精确的扭曲滤镜，常用于制作一些不规则的扭曲效果	
波纹	使用该滤镜可以模拟水波皱纹效果，常用来制作一些水面倒影图像	
极坐标	使用该滤镜可以使图像产生一种极度变形的效果	

(续表)

滤镜名称	滤镜功能	滤镜效果
挤压	使用该滤镜可以选择全部或部分图像，并使选择的图像产生向外或向内挤压的变形效果	
切变	使用该滤镜可以通过调节变形曲线来控制图像的弯曲程度	
球面化	使用该滤镜可以通过立体化球形的镜头形态来扭曲图像，得到与挤压滤镜相似的图像效果	
水波	使用该滤镜可以模拟水面上产生的漩涡波纹效果	
旋转扭曲	使用该滤镜可以使图像产生顺时针或逆时针旋转效果	
置换	使用该滤镜可以根据另一个PSD格式文件中图像的明暗度对当前图像的像素进行移动，使图像产生扭曲效果	

14.2.4 "素描"滤镜组

"素描"滤镜组中的滤镜全部位于滤镜库中，它们用于在图像中添加各种纹理，使图像产生素描、三维及速写效果，如表14-4所示。

表14-4 "素描"滤镜组

滤镜名称	滤镜功能	滤镜效果
半调图案	该滤镜可以使用前景色显示图像中凸显的阴影部分，使用背景色显示高光部分，使图像产生网板图案效果	
便条纸	使用该滤镜可以模拟凹陷压印图案，使图像产生草纸画效果	
粉笔和炭笔	该滤镜主要使用前景色和背景色来重绘图像，使图像产生被粉笔和炭笔涂抹过的草图效果	
铬黄渐变	使用该滤镜可以使图像产生液态金属效果，原始图像的颜色会完全丢失	
绘图笔	该滤镜主要使用精细的、具有一定方向的油墨线条重绘图像；对油墨使用前景色，对较亮的区域使用背景色	
基底凸现	该滤镜可以使图像产生一种粗糙的浮雕效果	
石膏效果	该滤镜可以使图像产生黑白浮雕效果，黑白对比较明显	

(续表)

滤镜名称	滤镜功能	滤镜效果
水彩画纸	该滤镜可以使图像产生水彩效果，就好像绘制在潮湿的纤维纸上，产生颜色溢出、混合的渗透效果	
撕边	该滤镜适用于高对比度图像，可以模拟出撕破的纸片效果	
炭笔	使用该滤镜可以在图像中创建海报化的涂抹效果。图像中主要的边缘用粗线绘制，中间色调用对角线素描，其中炭笔使用前景色、纸张使用背景色	
炭精笔	该滤镜可以模拟出使用炭精笔绘制图像的效果，在暗区使用前景色绘制，在亮区使用背景色绘制	
图章	该滤镜可以使图像简化、突出主体，看起来好像是用橡皮和木制图章盖上去一样。该滤镜适用于黑白图像	
网状	使用该滤镜可以模拟胶片感光乳剂的受控收缩和扭曲效果，使图像的暗色调区域看起来好像被结块、高光区域看起来好像被颗粒化	
影印	该滤镜用于模拟图像的影印效果	

14.2.5 "纹理"滤镜组

"纹理"滤镜组中的滤镜全部位于滤镜库中，使用这些滤镜可以为图像添加各种纹理效果，使图像具有深度感和材质感，如表14-5所示。

表14-5 "纹理"滤镜组

滤镜名称	滤镜功能	滤镜效果
龟裂缝	使用该滤镜可以在图像中随机绘制高凸的龟裂纹理，并且产生浮雕效果	
颗粒	使用该滤镜可以模拟不同种类的颗粒纹理，并将其添加到图像中	
马赛克拼贴	使用该滤镜可以使图像表面产生不规则、类似马赛克的拼贴效果	
拼缀图	使用该滤镜可以自动将图像划分成多个规则的矩形块，并且为每个矩形块填充单一的颜色，模拟出瓷砖拼贴的效果	
染色玻璃	使用该滤镜可以模拟出透过花玻璃查看图像的效果，并且使用前景色勾画单色的相邻单元格	
纹理化	使用该滤镜可以为图像添加预设或自定义的纹理效果	

14.2.6 "艺术效果"滤镜组

"艺术效果"滤镜组中的滤镜全部位于滤镜库中，用于模仿自然或传统绘画手法，使图像产生天然或传统的艺术效果，如表14-6所示。

表14-6 "艺术效果"滤镜组

滤镜名称	滤镜功能	滤镜效果
壁画	该滤镜主要通过短、圆、潦草的斑点来模拟粗糙的绘画风格	
彩色铅笔	该滤镜可以模拟不同种类的颗粒纹理，并将其添加到图像中	
粗糙蜡笔	该滤镜可以模拟使用蜡笔在纹理背景上绘图时的效果，从而生成一种纹理浮雕效果	
底纹效果	该滤镜可以模拟在带纹理的底图上绘画的效果，从而使整个图像产生一层底纹效果	
干画笔	该滤镜可以模拟使用干画笔绘制图像边缘的效果，从而通过减小图像的颜色范围来简化图像	
海报边缘	使用该滤镜可以降低图像的颜色复杂度，为颜色变化大的区域边界填充黑色，使图像产生海报画的效果	
海绵	该滤镜可以模拟使用海绵在图像上擦过的效果，使图像带有强烈的对比色纹理	

(续表)

滤镜名称	滤镜功能	滤镜效果
绘画涂抹	该滤镜可以通过选取各种大小和类型的画笔来创建画笔涂抹效果	
胶片颗粒	该滤镜可以使图像表面产生胶片颗粒状纹理效果	
木刻	该滤镜可以使图像产生木雕画效果。对比度较强的图像使用该滤镜后将呈剪影状，而一般的彩色图像使用该滤镜后将呈彩色剪纸状	
霓虹灯光	使用该滤镜可以在图像中颜色对比反差较大的边缘处产生类似霓虹灯发光的效果，单击发光颜色后面的色块可以在打开的对话框中设置霓虹灯颜色	
水彩	使用该滤镜可以简化图像的细节，并模拟使用水彩笔在图纸上绘画的效果	
塑料包装	该滤镜可以使图像表面产生类似透明塑料袋包裹物体时的效果，表面细节很突出	
调色刀	使用该滤镜可以减少图像中的细节，使图像产生薄薄的画布效果，露出下面的纹理	
涂抹棒	该滤镜可以使用短的对角线涂抹图像的较暗区域，从而柔化图像并提高图像的对比度	

14.2.7 "模糊"滤镜组

"模糊"滤镜组中的滤镜可以使图像相邻像素间的过渡变得平滑，图像将变得更加柔和。"模糊"滤镜组中的滤镜都位于"滤镜"菜单的"模糊"子菜单中，且大部分滤镜都有独立的对话框，如表14-7所示。

表14-7 "模糊"滤镜组

滤镜名称	滤镜功能	滤镜效果
表面模糊	该滤镜在模糊图像的同时，还会保留原始图像的边缘	
模糊/进一步模糊	使用这两个滤镜可以对图像的边缘进行模糊处理。模糊滤镜的效果与进一步模糊滤镜的效果相似，但要比进一步模糊滤镜的效果稍弱	
动感模糊	该滤镜可以使静态图像产生运动的模糊效果，其实就是通过对某一方向上的像素进行线性位移来产生运动的模糊效果	
方框模糊	该滤镜可在图像中使用邻近像素的颜色平均值来模糊图像	
高斯模糊	使用该滤镜可以对整个图像进行模糊处理，还可根据高斯曲线调节像素的色值	
径向模糊	使用该滤镜可以模拟出前后移动图像或旋转图像产生的模糊效果，模糊效果很柔和	
镜头模糊	使用该滤镜可以模拟摄像时因镜头抖动产生的模糊图像效果	

(续表)

滤镜名称	滤镜功能	滤镜效果
形状模糊	该滤镜可以根据"形状模糊"对话框中预设的形状来创建模糊效果	
平均	使用该滤镜可自动查找图像或选区的平均颜色以进行模糊处理。一般情况下图像将变成只有一种颜色	
特殊模糊	该滤镜主要用于对图像进行精确模糊,是唯一不模糊图像轮廓的滤镜	

14.2.8 "模糊画廊"滤镜组

"模糊画廊"滤镜组包含场景模糊、光圈模糊、移轴模糊、路径模糊和旋转模糊5个滤镜,如表14-8所示。

表14-8 "模糊画廊"滤镜组

滤镜名称	滤镜功能	滤镜效果
场景模糊	选择该滤镜后,用户可以在图像中添加图钉,图钉周围的图像将进入模糊编辑状态	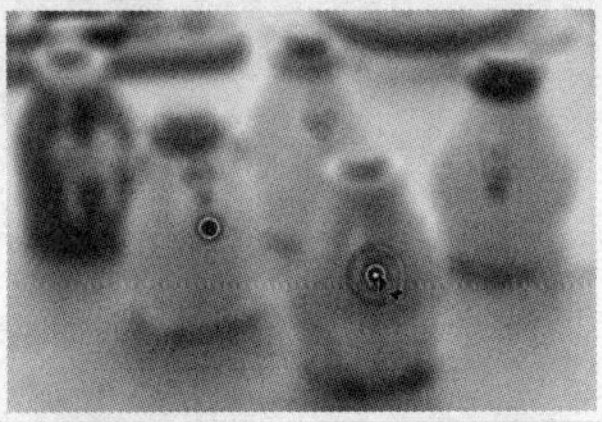
光圈模糊	使用该滤镜能够模拟浅景深效果,使照片背景虚化	
移轴模糊	选择该滤镜后,用户可以在图像中添加图钉,其中的几条直线用于控制模糊的范围,越在直线以内的图像越清晰	

(续表)

滤镜名称	滤镜功能	滤镜效果
路径模糊	选择该滤镜后，用户可以在图像中添加图钉。在编辑路径后，可以设置参数，得到适应路径形状的模糊效果	
旋转模糊	选择该滤镜后，用户可以在图像中添加图钉。在调整图钉周围圆圈的大小后，可以设置参数，得到圆形旋转的模糊效果	

14.2.9 "像素化"滤镜组

使用"像素化"滤镜组中的滤镜可以将图像转换成平面色块组成的图案，使图像分块或平面化，不同的设置可以得到截然不同的效果，如表14-9所示。

表14-9 "像素化"滤镜组

滤镜名称	滤镜功能	滤镜效果
彩块化	使用该滤镜可以使图像中纯色或相似颜色的像素结成像素块，从而使图像产生类似宝石刻画的效果。该滤镜没有参数设置对话框，直接使用即可，使用后的凸显效果相比原始图像更模糊	
彩色半调	该滤镜可以将图像分成矩形栅格，从而使图像产生彩色的半色调网点。对于图像中的每个通道，该滤镜使用小的矩形对图像进行分割，并用圆形图像替换矩形图像，圆形的大小与矩形的亮度成正比	
点状化	该滤镜可以将图像中的颜色分解为随机分布的网点，并使用背景色填充空白处	
晶格化	该滤镜可以将图像中的像素结块为纯色的多边形	

(续表)

滤镜名称	滤镜功能	滤镜效果
马赛克	该滤镜可以使图像中的像素结成方形块，并使方形块中的颜色统一	
碎片	使用该滤镜可以使图像的像素变为原来的数倍，然后将它们平均移位并降低不透明度，从而产生模糊效果	
铜版雕刻	使用该滤镜可以在图像中随机分布各种不规则的线条和斑点，在图像中产生镂刻的版画效果	

14.2.10　"杂色"滤镜组

　　"杂色"滤镜组中的滤镜可以用于在图像中添加彩色或单色的杂点效果，还可以用于将图像中的杂色移去。这些滤镜对图像有优化作用，因此我们在输出图像时会经常使用它们，如表14-10所示。

表14-10　"杂色"滤镜组

滤镜名称	滤镜功能	滤镜效果
去斑	该滤镜可以检测图像的边缘并模糊其他区域，从而达到掩饰图像中细小斑点、消除轻微折痕的效果。该滤镜无参数设置对话框，应用后效果并不明显	
蒙尘与划痕	该滤镜主要通过将图像中有缺陷的像素融入周围像素，使图像产生柔和的效果	

(续表)

滤镜名称	滤镜功能	滤镜效果
减少杂色	该滤镜可以在保留图像边缘的同时减少图像中各个通道的杂色，具有比较智能化的杂色减少功能	
添加杂色	该滤镜可以为图像添加随机像素，在参数设置对话框中可以为图像添加单色或彩色的杂点	
中间值	该滤镜主要通过混合图像中像素的亮度来减少图像中的杂色。该滤镜对于消除或减轻图像中的动感效果非常有用	

14.2.11 "渲染"滤镜组

"渲染"滤镜组中的滤镜主要用于创建不同的火焰、边框、云彩、镜头光晕、光照效果等，如表14-11所示。

表14-11 "渲染"滤镜组

滤镜名称	滤镜功能	滤镜效果
云彩/分层云彩	分层云彩滤镜和云彩滤镜类似，它们都使用前景色和背景色随机产生云彩图案。不同的是：分层云彩滤镜生成的云彩图案不会替换原图，而是按差值模式与原图混合	
光照效果	该滤镜可以使平面图像产生类似三维光照的效果，在菜单栏中选择"滤镜"|"渲染"|"光照效果"命令后，将直接进入"属性"面板，在其中可以设置各个参数	

(续表)

滤镜名称	滤镜功能	滤镜效果
镜头光晕	使用该滤镜可以模拟出照相机镜头产生的折射光效果	
纤维	使用该滤镜可以通过前景色和背景色创建出纤维状的图像效果	
火焰	使用该滤镜前需要创建一条路径，之后可以打开"火焰"对话框，然后设置火焰参数，即可沿着路径创建燃烧的火焰效果	
图片框	使用该滤镜时可以打开"图案"对话框，在该对话框中可以选择预设的图案，即可在图像周边创建相应的边框效果	
树	使用该滤镜时可以打开"树"对话框，在该对话框中选择树的种类，即可在图像中创建相应的树	

14.2.12 "锐化"滤镜组

"锐化"滤镜组中的滤镜可通过增加相邻图像像素的对比度，使模糊的图像变得清晰，让画面更加鲜明、细腻。

1. 锐化和进一步锐化滤镜

锐化滤镜可增加图像像素间的对比度，使图像更清晰；进一步锐化滤镜和锐化滤镜的功效相似，只是锐化效果更加强烈。

2. 锐化边缘滤镜

锐化边缘滤镜通过查找图像中颜色发生显著变化的区域进行锐化。

3. USM 锐化滤镜

USM锐化滤镜能够增大图像中相邻像素之间的对比度，使图像边缘清晰。在菜单栏中选择"滤镜"|"锐化"|"USM锐化"命令，在打开的"USM锐化"对话框中可以设置锐化参数，如图14-11所示。

4. 智能锐化滤镜

智能锐化滤镜相比USM锐化滤镜更加智能化。通过设置锐化算法或控制阴影和高光区域的锐化量，可以获得更好的边缘检测效果并减少锐化晕圈。在菜单栏中选择"滤镜"|"锐化"|"智能锐化"命令，打开"智能锐化"对话框，设置好参数后可以在对话框左侧的预览框中查看效果。展开"阴影/高光"选项区域，可以设置阴影和高光参数，如图14-12所示。

图 14-11 设置锐化参数　　　　图 14-12 设置智能锐化参数

14.2.13 课堂案例——制作纹理抽象画

下面综合使用多种滤镜，制作一幅带有纹理的抽象画，练习滤镜的应用方法，案例效果如图14-13所示。

图 14-13 案例效果

案例分析

本案例首先复制背景图层,为之应用"风格化"滤镜组中的滤镜,通过设置图层混合模式,得到一些特殊的图像效果;然后通过选择滤镜库中的滤镜,制作纹理效果。整个制作过程较为简单,读者应重点掌握滤镜参数设置对话框中不同的参数设置会对图像产生不同的效果。

操作步骤

01 打开"素材\第14章\捧花美女.jpg"图像,如图14-14所示。下面使用滤镜制作纹理抽象画。

02 按Ctrl+J组合键复制背景图层,得到图层1,如图14-15所示。

图14-14　素材图像　　　　　　　　　　　　图14-15　复制背景图层

03 选择"滤镜"|"风格化"|"查找边缘"命令,得到的图像边缘效果如图14-16所示。

04 选择"滤镜"|"风格化"|"扩散"命令,打开"扩散"对话框,在"模式"选项区域选中"变暗优先"单选按钮,如图14-17所示。

 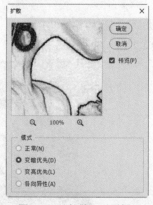

图14-16　图像边缘效果　　　　　　　　　　图14-17　"扩散"对话框

05 单击"确定"按钮,应用扩散滤镜后的图像效果如图14-18所示。

06 选择背景图层,按Ctrl+J组合键复制背景图层,将得到的"背景 拷贝"图层拖放到"图层"面板中图层列表的顶部,如图14-19所示。

图 14-18 扩散效果

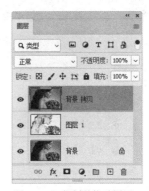

图 14-19 复制并拖动图层

07 设置"背景 拷贝"图层的图层混合模式为"点光",从而与下一层图像的内容融合,效果如图14-20所示。

08 复制一次"背景 拷贝"图层,将副本拖放到"图层"面板中图层列表的顶部,如图14-21所示。

图 14-20 图层混合模式效果

图 14-21 继续复制并拖动图层

09 选择"滤镜"|"滤镜库"命令,打开"滤镜库"对话框。在中间的滤镜列表中展开"艺术效果"滤镜组,选择粗糙蜡笔滤镜,然后设置各项参数,如图14-22所示。

10 单击"确定"按钮,图像的模糊效果如图14-23所示。

图 14-22 设置粗糙蜡笔滤镜

图 14-23 图像的模糊效果

11 在"图层"面板中设置图层混合模式为"深色"、"不透明度"为60%,如

图14-24所示，最终效果如图14-25所示。

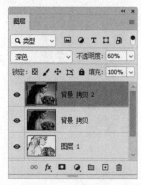

图14-24　设置图层属性

图14-25　最终效果

14.3　特殊滤镜的应用

除了前面介绍的常用滤镜之外，Photoshop还提供了液化、消失点、镜头校正和Camera Raw滤镜等特殊滤镜。下面分别介绍这些特殊滤镜的具体作用和使用方法。

14.3.1　液化滤镜

使用液化滤镜可以使图像产生扭曲效果，用户可以自定义图像的扭曲范围和强度，还可以将调整好的变形效果存储起来以便随时使用。

选择"滤镜"|"液化"命令，打开"液化"对话框，该对话框的左侧为工具箱，中间为图像预览窗口，右侧为参数设置区，如图14-26所示。

图14-26　"液化"对话框

在"液化"对话框中，左侧工具箱中各个工具的作用分别如下。

❍　向前变形工具 ：在中间的图像预览窗口中单击并拖动鼠标可以使图像的颜色产

生流动效果。在"液化"对话框右侧的"大小""密度""压力""速率"文本框中可以设置笔头样式。

○ 重建工具 ✔：可以对图像中的变形效果进行还原操作。

○ 平滑工具 ✎：可以对图像平滑地进行变形。

○ 顺时针旋转扭曲工具 ❂：在图像中按住鼠标左键不放，可以使图像产生顺时针旋转效果。

○ 褶皱工具 ❖：拖动鼠标，图像将产生向内压缩变形的效果。

○ 膨胀工具 ❖：拖动鼠标，图像将产生向外膨胀放大的效果。

○ 左推工具 ❖：拖动鼠标，图像中的像素将发生位移变形效果。

○ 冻结蒙版工具 ☞：用于将图像中不需要变形的部分保护起来，被冻结区域将不会受到变形处理。

○ 解冻蒙版工具 ☞：用于解除图像中冻结的部分。

○ 脸部工具 ☺：可以自动辨识眼睛、鼻子、嘴巴及其他脸部特征，让用户轻松完成相关调整，适用于修饰人像照片、创建讽刺画效果等。

○ 抓手工具 ✋：用于在图像预览窗口中平移图像。

○ 缩放工具 🔍：用于在图像预览窗口中缩放图像的显示效果。

【练习14-2】制作熔化的钟表

01 打开"素材\第14章\钟表.jpg"素材图像，选择"滤镜"|"液化"命令，打开"液化"对话框，如图14-27所示。

图14-27 "液化"对话框

02 选择向前变形工具 ✎，然后将光标放到层叠的图像中，按住鼠标左键进行拖动，效果如图14-28所示。

03 选择顺时针旋转扭曲工具 ❂，然后将光标放到表盘的边角处，按住鼠标左键进行拖动，效果如图14-29所示。

04 在"液化"对话框中单击"确定"按钮，得到的效果如图14-30所示。

图 14-28　变形图像

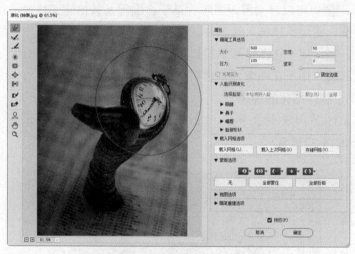

图 14-29　拖动表盘的边角

图 14-30　液化处理后的效果

❖ **注意:**

在"液化"对话框中使用工具应用变形效果后,单击右侧参数设置区的"恢复全部"按钮(需要展开"画笔重建选项"才能看到),可以将图像恢复到原始状态。

14.3.2 消失点滤镜

选择"滤镜"|"消失点"命令,打开"消失点"对话框,如图14-31所示。可以在图像中自动应用透视原理,根据透视的角度和比例自动适应图像的修改,从而大大节省精确设计和修饰照片所需的时间。

图14-31 "消失点"对话框

"消失点"对话框中主要工具的作用分别如下。

○ 创建平面工具■:打开"消失点"对话框时,此为默认选择的工具。在图像预览窗口中的不同位置单击4次,即可创建透视平面,如图14-32所示。在"消失点"对话框顶部的"网格大小"下拉列表中可设置显示密度。

○ 编辑平面工具▶:用于调整绘制的透视平面,调整时拖动平面边缘的控制点即可,如图14-33所示。

图14-32 创建透视平面

图14-33 调整透视平面

○ 图章工具▲:与Photoshop工具箱中的仿制图章工具一样,在透视平面内按住Alt

键并单击图像可以对图像取样，然后在透视平面的其他地方单击，就可以对取样的图像进行复制，复制后的图像与透视平面将保持同样的透视关系。

14.3.3 镜头校正滤镜

使用镜头校正滤镜可以修复常见的镜头瑕疵，如桶形和枕形失真、晕影和色差。镜头校正滤镜在RGB或灰度模式下只能用于8位/通道和16位/通道的图像。

【练习14-3】校正图像镜头

01 打开"素材\第14章\粉红色舞台.jpg"素材图像，如图14-34所示。下面使用镜头校正滤镜对这幅图像进行镜头校正。

02 选择"滤镜"|"镜头校正"命令，打开"镜头校正"对话框，如图14-35所示。

图 14-34 素材图像

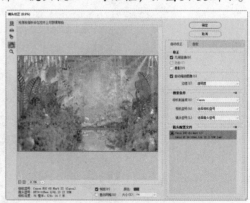

图 14-35 "镜头校正"对话框

03 在参数设置区选择"自动校正"选项卡，用户可以设置校正选项。从"边缘"下拉列表中可以选择一种边缘方式，如图14-36所示。

04 在"搜索条件"选项区域设置相机的制造商、型号和镜头型号，如图14-37所示。

图 14-36 选择一种边缘方式

图 14-37 设置相机的制造商、型号和镜头型号

05 在参数设置区选择"自定"选项卡，可以精确地设置各项参数以校正图像或制作特殊的图像效果。例如，设置"移去扭曲"为39、"垂直透视"为-30、"水平透视"为

-20、"比例"为110%，如图14-38所示。

06 单击"确定"按钮，得到的镜头校正效果如图14-39所示。

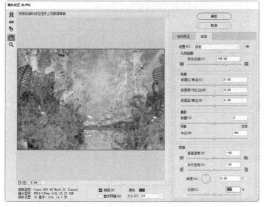

图14-38　设置各项参数

图14-39　镜头校正效果

14.3.4　Camera Raw滤镜

Camera Raw滤镜主要用于调整数码照片。RAW格式是数码相机专用的图片格式，这种图片中记录着感光部件接收到的原始信息，具备最广泛的色彩。

选择"滤镜"|"Camera Raw滤镜"命令，打开Camera Raw对话框，在该对话框中可以对图像进行色彩调整、变形、去除污点和去除红眼等操作，如图14-40所示。

图14-40　Camera Raw 对话框

【练习14-4】去除照片中的游艇

01 打开"素材\第14章\桥.jpg"素材图像，如图14-41所示。下面使用Camera Raw滤镜去除图像中的游艇。

02 选择"滤镜"|"Camera Raw滤镜"命令，打开Camera Raw对话框，选择污点去除工具█，如图14-42所示。

图14-41　素材图像

图14-42　选择污点去除工具

[03] 按住鼠标左键，使用污点去除工具涂抹游艇和水花，如图14-43所示。

[04] 松开鼠标左键，根据图像效果，适当移动目标点，如图14-44所示。

图14-43　涂抹游艇和水花

图14-44　移动目标点

[05] 在Camera Raw对话框中取消选中"显示叠加"复选框，再次涂抹游艇图像，如图14-45所示。

[06] 选择缩放工具，在Camera Raw对话框右侧的参数设置区调整图像的色温、色调和曝光度等参数，如图14-46所示。

[07] 单击"确定"按钮，完成图像的修复。

图14-45　再次涂抹游艇

图14-46　调整图像效果

14.3.5　智能滤镜

应用于智能对象的任何滤镜都是智能滤镜，使用智能滤镜可以对已经设置好的滤镜重新进行编辑。

为了对图像应用智能滤镜，首先需要选择"滤镜"|"转换为智能滤镜"命令，将图层中的图像转换为智能图像，如图14-47所示。然后为图层应用滤镜，此时"图层"面板中将显示添加的智能滤镜，如图14-48所示。双击"图层"面板中添加的滤镜对象，即可打开对应的滤镜对话框并对滤镜重新进行编辑。

图14-47 转换为智能图像

图14-48 应用智能滤镜

14.3.6 课堂案例——给照片人物瘦脸

下面介绍如何使用液化滤镜，对照片中人物的面部进行瘦脸处理，前后对比效果如图14-49所示。

(a) 素材图像

(b) 瘦脸效果

图14-49 案例效果

案例分析

首先打开"液化"对话框，然后分别使用向前变形工具、褶皱工具等对人物面部进行涂抹，最终实现瘦脸效果。

操作步骤

01 打开"素材\第14章\卷发美女.jpg"素材图像，如图14-50所示。下面使用液化滤镜对人物面部进行瘦脸处理。

图 14-50　素材图像

02 选择"滤镜"|"液化"命令，打开"液化"对话框，选择褶皱工具▉，适当设置画笔的大小，然后单击人物左侧脸部的边缘，收缩脸部图像，如图14-51所示。

图 14-51　收缩脸部图像

03 使用同样的操作方法，收缩人物脸部的右侧。然后选择向前变形工具▉，将人物右侧脸部的边缘适当向内推，效果如图14-52所示。

图 14-52　将人物右侧脸部的边缘适当向内推

04 使用向前变形工具 ![]，分别将人物脸部的边缘向内推，并对额头形状进行调整，如图14-53所示。

05 单击"确定"按钮，完成人物面部图像的瘦脸处理。

图 14-53 将人物脸部的边缘向内推并调整额头形状

14.4 思考与练习

1. Photoshop 2020的滤镜库整合了"扭曲""画笔描边"_____6个滤镜组。

    A. "素描""纹理""艺术效果""模糊"

    B. "模糊""纹理""艺术效果""风格化"

    C. "渲染""纹理""艺术效果""风格化"

    D. "素描""纹理""艺术效果""风格化"

2. 在Photoshop 2020中，对图像应用滤镜后，如果效果不明显，可按_____组合键再次应用滤镜。

    A. Ctrl+F   B. Alt+Ctrl+F   C. Alt+F   D. Shift+Ctrl+F

3. 滤镜不能应用于_____和16位/通道图像。

    A. 位图模式图像、索引颜色图像

    B. RGB模式图像、CMYK模式图像

    A. 索引模式图像、CMYK模式图像

    B. RGB模式图像、位图模式图像

4. _____滤镜可以找出图像主要色彩的变化区域，使之产生用铅笔勾画过的轮廓效果。

    A. 照亮边缘   B. 查找边缘   C. 墨水轮廓   D. 喷色描边

5. 使用_____滤镜可以模拟风吹效果，为图像添加一些短而细的水平线。

    A. 便条纸   B. 风   C. 彩色铅笔   D. 波纹

6. _____滤镜采用图像的主导色，用成角的喷溅颜色增加斜纹飞溅效果。

    A. 照亮边缘   B. 风   C. 彩色铅笔   D. 喷色描边

7. _____滤镜适用于高对比度图像，可以模拟出撕破的纸片效果。

    A. 海洋波纹   B. 风   C. 撕边   D. 彩色铅笔

8. 使用_____滤镜可以模拟水波的皱纹效果，常用来制作一些水面倒影图像。

    A. 波纹   B. 玻璃   C. 旋转扭曲   D. 彩色铅笔

9. 使用_____滤镜可以在图像中随机绘制高凸的龟裂纹理，并且产生浮雕效果。

    A. 龟裂缝   B. 颗粒   C. 浮雕   D. 马赛克

10. 使用_____滤镜可以使图像中的像素结成方形块，并且使方形块中的颜色统一。

    A. 晶格化   B. 颗粒   C. 添加杂色   D. 马赛克

11. 使用_____滤镜可以模拟出照相机镜头产生的折射光效果。

    A. 光照效果   B. 镜头光晕   C. 照亮边缘   D. 云彩

12. 使用_____滤镜可以使图像产生扭曲效果，用户可以自定义图像的扭曲范围和强度，还可以将调整好的变形效果存储起来以便以后使用。

    A. 消失点   B. 镜头校正   C. 旋转扭曲   D. 液化

13. Photoshop中的滤镜主要分为哪几大类？

14. 什么是智能滤镜？智能滤镜的作用是什么？

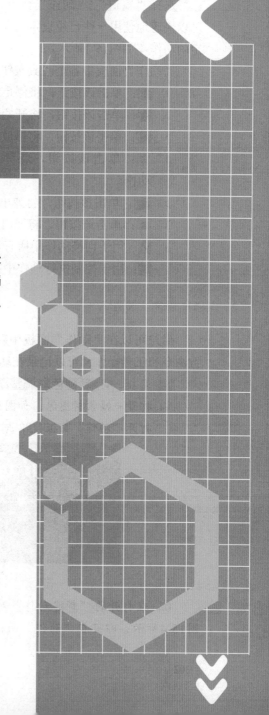

第15章

图像自动化处理

在Photoshop中，如果需要对多个图像进行相同的处理，则可以使用动作和批处理功能对图像进行自动化编辑，从而提高工作效率。本章将学习动作的相关知识以及批处理图像的操作方法。

15.1 使用"动作"面板

在Photoshop中，动作用于对单个文件或一批文件回放一系列命令或操作。在"动作"面板中可以创建、录制和播放动作。

15.1.1 认识"动作"面板

选择"窗口"|"动作"命令，打开"动作"面板，从中可以快速地使用一些已经设定的动作，也可以新建一些自行设定的动作，如图15-1所示。

"动作"面板中各个工具按钮的作用分别如下。

- ○ ■：单击该按钮，将停止动作的播放或记录。
- ○ ●：单击该按钮，将开始录制动作。
- ○ ▶：单击该按钮，将播放选中的动作。
- ○ ⊡：单击该按钮，将弹出一个对话框，用于新建动作。
- ○ ▣：单击该按钮，将弹出一个对话框，用于新建动作组。
- ○ 🗑：单击该按钮，将弹出一个提示框，用于提示用户是否删除选中的动作。
- ○ ✔：用于切换动作中所有命令的状态。
- ○ ▤：用于控制执行动作中的命令时是否需要弹出对话框。

图 15-1　"动作"面板

15.1.2 新建动作

用户可以在"动作"面板中新建一些动作，以方便今后使用。在Photoshop中，大多数命令和工具操作都可以记录在动作中。

【练习15-1】新建色彩调整动作

01 打开一幅素材图像，如图15-2所示。

02 打开"动作"面板，单击"动作"面板底部的按钮 ⊡，如图15-3所示。

图 15-2　素材图像

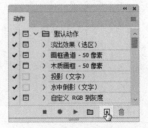

图 15-3　单击按钮以新建动作

03 在打开的"新建动作"对话框中对动作进行命名，然后单击"记录"按钮，如图15-4所示；即可在"动作"面板中新建一个动作，从而开始录制接下来的操作，如图

15-5所示。

图 15-4 新建动作　　　　　　　　　　图 15-5 开始录制接下来的操作

04 选择"图像"|"调整"|"亮度/对比度"命令，打开"亮度/对比度"对话框，适当调整图像的亮度和对比度，如图15-6所示。

05 单击"确定"按钮，得到的图像效果如图15-7所示。

图 15-6 调整图像的亮度和对比度　　　　　图 15-7 图像效果

06 此时，"动作"面板中将记录刚才调整图像亮度的操作，如图15-8所示。

07 选择"图像"|"调整"|"色彩平衡"命令，打开"色彩平衡"对话框，为图像添加青色、洋红和黄色，填充为冷色调，然后单击"确定"按钮，如图15-9所示。

08 在"动作"面板中将继续记录刚才调整图像色彩的操作，单击按钮■，即可停止并完成操作的录制，如图15-10所示。

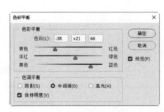

图 15-8 记录工具操作　　　　图 15-9 调整色彩　　　　图 15-10 停止录制操作

15.1.3 新建动作组

当"动作"面板中的动作过多时，为了方便对动作进行查找和使用，用户可以创建动作组来对动作进行分类管理。

【练习15-2】新建动作组

01 打开任意一幅素材图像。

02 打开"动作"面板，单击"动作"面板底部的按钮 █ ，打开"新建组"对话框，将新建的动作组命名为"常用动作"，如图15-11所示。

[03] 单击"确定"按钮，"动作"面板中将出现新建的"常用动作"动作组，如图15-12所示。

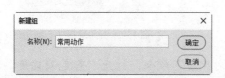

图 15-11　命名新建的动作组　　　　图 15-12　查看新建的动作组

[04] 单击"动作"面板底部的按钮回，在打开的"新建动作"对话框中命名新建的动作为"调整图像大小"，然后单击"记录"按钮，如图15-13所示；即可在"常用动作"动作组中新建"调整图像大小"动作，如图15-14所示。

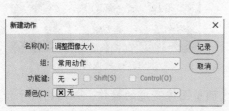

图 15-13　"新建动作"对话框　　　　图 15-14　在动作组中新建动作

[05] 选择"图像"|"图像大小"命令，对图像大小进行调整，"动作"面板中将录制调整图像大小的操作，如图15-15所示。

[06] 选择前面创建的其他动作，然后拖动到新建的动作组中，即可在动作组中对它们进行管理，如图15-16所示。

图 15-15　在动作中录制操作　　　　图 15-16　管理动作

15.1.4　执行动作

在"动作"面板中选择一种动作后，就可以将这种动作中的操作应用到其他图像上；也可以在创建并录制好一种动作后，将这种动作中的操作应用到其他图像上。

【练习15-3】为图像应用"水中倒影"动作

01 打开"素材\第14章\雪山.jpg"素材图像，将其作为需要应用动作的图像，如图15-17所示。

02 在图像中输入文字，将文字移到水面上，选择文字图层作为当前图层，如图15-18所示。

图 15-17 素材图像　　　　　　　　　　图 15-18 创建文字

03 在"动作"面板中选择"水中倒影(文字)"作为需要应用于图像的动作，然后单击按钮 ▶，如图15-19所示；即可将这种动作应用于当前图层中的文字对象，效果如图15-20所示。

图 15-19 选择动作并单击按钮　　　　　图 15-20 图像效果

15.2　编辑动作

在创建和记录新的动作后，用户还可以根据图像的处理需要，对这些动作中的操作重新进行编辑。

15.2.1　在动作中添加操作

用户可以在"动作"面板中使用"插入菜单项目"命令，在指定的动作中添加操作。

【练习15-4】在"调整图像大小"动作中添加色阶调整操作

01 打开"动作"面板，选择前面创建的"调整图像大小"动作，如图15-21所示。

02 单击"动作"面板右上角的▇按钮，在弹出的菜单中选择"插入菜单项目"命令，如图15-22所示。

图 15-21 选择动作

图 15-22 选择命令

[03] 打开"插入菜单项目"对话框，保持这个对话框处于显示状态，如图15-23所示。

[04] 选择"图像"|"调整"|"色阶"命令，此时"插入菜单项目"对话框中将显示添加了色阶调整操作，如图15-24所示。

图 15-23 "插入菜单项目"对话框

图 15-24 显示添加了色阶调整操作

[05] 单击"确定"按钮，即可将色阶调整操作插入当前动作中，如图15-25所示。

[06] 双击"动作"面板中的色阶调整操作，即可在打开的"色阶"对话框中调整色阶，然后单击"确定"按钮，如图15-26所示。

图 15-25 插入操作

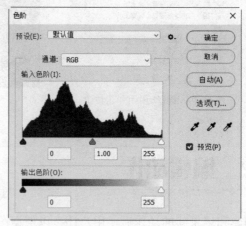

图 15-26 调整色阶

15.2.2 复制操作

在对整个操作过程录制完之后，可以在"动作"面板中对操作进行复制。选择动作中需要复制的操作，按住鼠标左键将其拖至按钮 ⊞ 上，如图15-27所示。然后松开鼠标，在"动作"面板中即可得到复制的操作，如图15-28所示。

图 15-27 选择并拖动需要复制的操作　　图 15-28 复制的操作

15.2.3 删除操作

完成操作的录制后，如果发现有不需要的操作，可以在"动作"面板中将其删除。在"动作"面板中选择需要删除的操作，然后单击面板底部的按钮 🗑️，如图15-29所示；在弹出的提示框中单击"确定"按钮即可将所选操作删除，如图15-30所示。

图 15-29 单击"删除"按钮　　图 15-30 单击"确定"按钮以删除所选操作

15.3 批处理图像

Photoshop提供的自动批处理功能，允许用户对某个文件夹中的所有文件按批次输入并自动执行动作，从而给用户带来了极大便利，大幅提高了图像的处理效率。

选择"文件"|"自动"|"批处理"命令，打开"批处理"对话框，从中可以设置批处理对象的位置和结果，如图15-31所示。

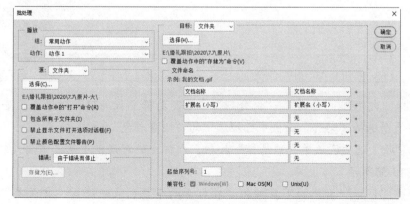

图 15-31 "批处理"对话框

"批处理"对话框中常用选项的作用分别如下。

○ "组"：单击右侧的下拉按钮，在打开的下拉列表中可以选择想要执行的动作所在的动作组。

○ "动作"：单击右侧的下拉按钮，在打开的下拉列表中可以选择想要应用的动作。

○ "源"：单击右侧的下拉按钮，在打开的下拉列表中可以选择批处理图像文件的来源。

○ "目标"：单击右侧的下拉按钮，在打开的下拉列表中可以选择处理目标。选择"无"选项，表示不对处理后的文件做任何操作；选择"存储并关闭"选项，可将文件保存到原来的位置，并覆盖原始文件；选择"文件夹"选项，然后单击下方的"选择"按钮，可以设置目标文件的保存位置。

○ "文件命名"：在"文件命名"选项区域的6个下拉列表中，可以指定目标文件的命名规则。

○ "错误"：单击右侧的下拉按钮，在打开的下拉列表中可指定出现操作错误时的处理方式。

【练习15-5】对多个图像进行四分颜色批处理

[01] 在计算机中创建用于存储批处理图像结果的文件夹(如"批处理结果"文件夹)，如图15-32所示。

[02] 打开"动作"面板，选择"四分颜色"动作，如图15-33所示。

图 15-32　创建文件夹　　　　　　　　　　　　　　　图 15-33　选择动作

[03] 选择"文件"|"自动"|"批处理"命令，打开"批处理"对话框，如图15-34所示。默认将自动选择"动作"面板中已经选中的"四分颜色"动作。

[04] 在"源"选项区域单击"选择"按钮，在弹出的对话框中选择需要处理的图片文件夹，如图15-35所示。

[05] 单击"目标"右侧的下拉按钮，在打开的下拉列表中选择"文件夹"。然后单击下方的"选择"按钮，在弹出的对话框中选择用于存储批处理图像结果的文件夹，如

图15-36所示。

图 15-34 "批处理"对话框

图 15-35 选择源文件

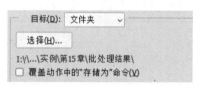

图 15-36 设置目标文件夹

06 设置好所有选项后，单击"确定"按钮，然后逐一保存处理后的文件。

07 打开用于存储目标文件的文件夹，即可查看批处理后的文件，如图15-37所示。

图 15-37 查看批处理后的文件

15.4 思考与练习

1. 在"动作"面板中，单击按钮_____，将开始录制动作。

   A. ■   B. ●   C. ⊞   D. ▶

2. 当"动作"面板中的动作过多时，为了方便对动作进行查找和使用，用户可以创建_____来对动作进行分类管理。

   A. 动作组   B. 记录组   C. 文件夹   D. 面板

3. 在Photoshop中，动作是指什么？

4. Photoshop提供的自动批处理功能是什么？

第 **16** 章

Photoshop综合案例

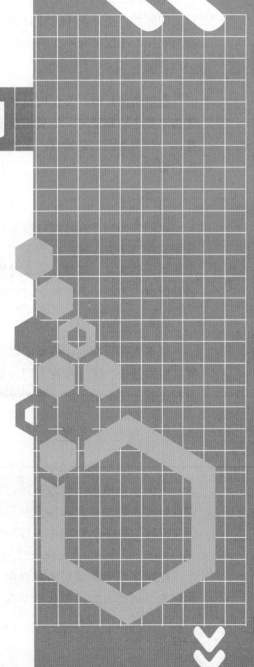

你在前面学习了Photoshop的基础知识和核心功能。初学者对于如何将Photoshop应用到图像设计的实际案例中可能还感到比较陌生。本章通过典型的案例来讲解图像设计的具体操作及流程,帮助初学者掌握Photoshop在实际设计工作中的应用,达到举一反三的效果,从而为以后的图像设计工作打下良好基础。

16.1　数码照片处理

随着生活水平的提高，人们外出游玩拍照成为一种常态。但是，为了处理一些照片上的瑕疵，制作出令人满意的艺术效果，还需要对拍摄的照片进行调整、美化等处理。下面介绍数码照片处理的注意事项和艺术照片制作方面的案例应用。

16.1.1　数码照片处理的注意事项

照片的拍摄只是开始，很多照片还需要进行后期制作，特别是个人艺术照、婚纱照等重要的照片，更是离不开照片的后期处理。例如，拍摄一套婚纱照，如果不进行很好的处理与制作，不仅要花不少的冤枉钱，还会浪费不少的时间和精力。

1. 照片细节

在挑选照片时，不仅仅是单纯地选照片，还要看看细节上是否存在问题，例如头发、牙齿、肤色、鞋子等。如果拍摄出来的效果不满意，要及时进行修改。千万别看着照片漂亮，一时得意而忘记检查，等到稀里糊涂处理完之后，才发现存在问题，前面所做的工作就白费了。

2. 照片文字

在如今的照片设计中，常常会出现一些外文词汇，如英文、韩文、法文等。这确实能让婚礼洋气不少，对于这些文字，很少有新人会进行仔细检查。可是要知道，如果不了解那些单词的意义，或是没有及时检查文字的内容是否存在错误、是否有语法歧义，甚至是否是商业广告，一不留神让它们永远留在相册上，被人看出来就不免太尴尬了。

3. 照片效果

很多人在后期制作中要求比较苛刻，导致最后修饰出来的照片面目全非。这怎么能行呢，特别是婚纱照，作为人们一辈子的纪念，当然要保留他们最自然的一面。所以，一些身材外貌上的不足，用一些光线或头饰道具掩饰一下即可。

16.1.2　制作儿童艺术照

案例效果

下面以拍摄的照片为基础，通过调整照片的亮度、色彩，以及修饰人物面部和添加素材等操作，制作儿童艺术照，本案例完成后的最终效果如图16-1所示。

案例分析

在制作儿童艺术照的过程中，可以先调整照片的基本亮度和色彩，再对人物面部和细节图像进行更精细的修饰，以达到

图 16-1　案例效果

需要的效果。接下来制作出与照片色调相匹配的背景图像效果，将照片添加到背景图像中。最后为照片添加具有艺术效果的文字内容。

操作过程

根据刚才所做的案例分析，可以将具体操作分为三部分，包括调整照片亮度和色调、美白人物面部和制作背景图像。

1. 调整照片亮度和色调

[01] 启动Photoshop应用程序，打开"素材\第16章\照片.jpg"素材图像，如图16-2所示。

[02] 选择"图像"|"调整"|"亮度/对比度"命令，打开"亮度/对比度"对话框，增加图像亮度并降低对比度，如图16-3所示。

[03] 单击"确定"按钮，调整后的图像效果如图16-4所示。

 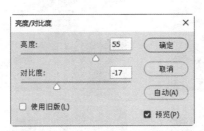 

图 16-2　素材图像　　　　图 16-3　调整图像的亮度和对比度　　　　图 16-4　图像效果（一）

[04] 选择"图像"|"调整"|"照片滤镜"命令，打开"照片滤镜"对话框，选择"加温滤镜(85)"，并调整"密度"为50%，如图16-5所示，得到的图像效果如图16-6所示。

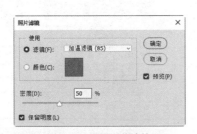 

图 16-5　设置照片滤镜　　　　　　图 16-6　图像效果（二）

[05] 选择"图像"|"调整"|"色相/饱和度"命令，打开"色相/饱和度"对话框，选择"红色"，降低这种颜色的饱和度并增加明度，如图16-7所示。

[06] 选择颜色为"黄色"，同样降低这种颜色的饱和度并增加明度，如图16-8所示。

[07] 单击"确定"按钮，得到的图像效果如图16-9所示。

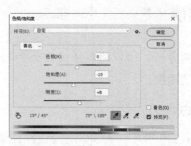

图16-7　调整红色的饱和度和明度　　　图16-8　调整黄色的饱和度和明度　　　图16-9　图像效果（三）

2. 美白人物面部

01 在工具箱中选择套索工具，在属性栏中设置"羽化"参数为15像素，于人物面部手动绘制一个选区，如图16-10所示。

02 新建一个图层，填充为白色，设置图层混合模式为"柔光"，如图16-11所示。

图16-10　绘制选区　　　图16-11　用白色填充选区并设置图层混合模式

03 适当降低图层1的不透明度，比如设置为50%，得到透明图像效果。使用橡皮擦工具对人物的五官进行擦除，显露出下一层图像，人物面部美白效果如图16-12所示。

04 按Alt+Ctrl+Shift+E组合键盖印图层，得到图层2，如图16-13所示。

图16-12　人物面部美白效果　　　图16-13　盖印图层

3. 制作背景图像

01 新建一个图像文件，设置图像的宽度和高度分别为10和15厘米，背景色为白色。新建一个图层，使用矩形选框工具在图像中绘制一个矩形选区，填充为粉红色(R250,G220,B233)，如图16-14所示。

02 按Ctrl+T组合键适当旋转选区，得到倾斜的矩形选区，效果如图16-15所示。

03 在工具箱中选择移动工具，按住Alt键的同时移动复制矩形选区，参照图16-16所示的样式进行排列。

图16-14　绘制并填充一个矩形选区　　图16-15　旋转选区　　图16-16　复制并排列选区

04 将调整好的人物图像拖放到新建的图像中，适当调整图像大小，放到画面的中间，如图16-17所示。

05 新建一个图层，在"图层"面板中将其放到人物图像所在图层的下方。绘制一个比人物图像稍大一些的矩形选区，填充为白色，如图16-18所示。

06 选择"图层"|"图层样式"|"外发光"命令，打开"图层样式"对话框，设置外发光颜色为深红色(R122,G56,B85)，其他参数的设置如图16-19所示。

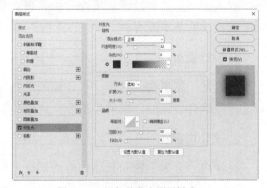

图16-17　添加人物图像　图16-18　绘制另一个矩形选区　　　图16-19　添加外发光图层样式

07 单击"确定"按钮，得到图像的外发光效果，如图16-20所示。

08 打开"素材\第16章\卡通素材.psd"素材图像，使用移动工具将多个卡通图像分别拖入当前编辑的图像中，参照图16-21所示的方式进行排列，点缀画面。

09 使用横排文字工具在照片的上下两侧分别输入文字，适当调整文字大小，并填充上方文字为深红色、下方文字为黑色，如图16-22所示。

图 16-20　图像的外发光效果　　　图 16-21　添加素材图像　　　图 16-22　添加并设置文字

16.2　平面广告设计

任何一位成功的设计师，往往在掌握软件技术的同时，还对平面设计相关知识有一定的了解。下面介绍平面设计的基本流程和构思等知识，再结合实际的设计案例讲解Photoshop在平面广告设计中的应用。

16.2.1　平面设计的基本流程

平面设计是一个有计划、有步骤的渐进式且不断完善的过程，设计的成功与否很大程度上取决于理念是否准确、考虑是否完善。设计之美永无止境，完善取决于态度。下面介绍平面设计的基本流程。

1. 设计调查

调查是了解事物的过程，设计需要的是有目的且完整的调查，包括背景调查、市场调查、行业调查、定位、表现手法等，调查是设计的开始和基础。

2. 设计内容

设计内容分为主题和具体内容两部分，这是平面设计师在进行设计前需要准备的基本材料。

3. 设计理念

构思立意是设计的第一步，在设计中思路比一切都重要。理念一向独立于设计之上。在视觉作品中传达理念也许是最难的一件事。

4. 考虑视觉元素

设计中的基本元素相当于作品的构件，每一个元素都要发挥传递和加强传递信息的作用。真正优秀的设计师往往很"吝啬"，每动用一种元素，都会从整体出发进行考虑。在一个版面之内，构成元素可以根据类别进行划分。

5. 选择表现手法

在视觉产品泛滥的当下，要想打动受众并非易事，更多的视觉作品将被人们忽略和淡忘。要把信息传递出去，有三种方法。第一种方法是完整且完美地从传统美学角度进行表现，对于这样的视觉作品，受众乐于欣赏阅读并记住；第二种方法是采用新奇或出其不意的表达形式；第三种方法是疯狂地投放广告，进行地毯式强行轰炸。

6. 选择设计风格

设计师有时是反对使用风格的，固定风格的形成意味着自我的僵死，但风格同时又是设计师性格、喜好、阅历、修养的反映，也是设计师成熟的标志。

7. 设计制作

确定好前面的事项后，就可以开始进行设计制作了，涉及的内容包括图形、字体、内文、色彩、编排、比例、出血等。

16.2.2　平面设计的构思

平面设计是创造性的脑力劳动，但在设计时也应遵循一定的规范，才能达到事半功倍的效果。

1. 直接与间接展示法

直接展示法是指运用摄影或绘画等方式，将广告信息直接展示在广告画面中，以直观的方式表现广告产品，使消费者对广告所要宣传的产品产生亲切感，如图16-23所示。间接展示法相比直接展示法含蓄些，一般不直接展示产品形象，而是赋予产品某种寓意，引导消费者产生想象空间，以达到某种共鸣，如图16-24所示。

图 16-23　直接展示法　　　　　　　　　图 16-24　间接展示法

2. 夸张法

对所宣传产品的品质或特点进行夸张，从而使消费者对这种产品记忆深刻，达到强调产品特性的目的，如图16-25所示。

3. 幽默诙谐法

幽默是一种艺术，幽默诙谐法把这种艺术运用到了广告中，是大众非常容易接受的一种宣传方式。这种方式抓住了人或物的某些特性，并运用诙谐的方式表现出来，能够很容易与消费者达成某种共鸣。

4. 突出主题法

把产品的主题置于画面中醒目的视觉中心，从而加以强调，使消费者能立刻感受到产品特点并激发购买欲望，如图16-26所示。

图 16-25　夸张法　　　　　　　　　　　图 16-26　突出主题法

5. 借用比喻法

将两个不同的对象放在一起，找出它们类似的共同点，进行比喻，可延伸视觉效果，如图16-27所示。

6. 版面求新法

打破常规的版面构成，形成强烈的视觉冲击力，如图16-28所示。

图 16-27　借用比喻法　　　　　　　　　图 16-28　版面求新法

16.2.3　制作开业倒计时海报

案例效果

在平面广告设计中，宣传海报是最为常见的广告之一。下面以商场开业倒计时海报为例，介绍海报设计的具体操作，本案例完成后的最终效果如图16-29所示。

案例分析

这个案例涉及的图像比较多，因此需要注意以下几点：

- 宣传海报没有特定的尺寸，一般会根据实际情况测量尺寸，本例中的海报以商场门口的灯箱为宣传载体，因此在新建图像文件时，设置的图像宽度为60厘米、高度为80厘米。
- 需要考虑在设计图中合理分布图像元素所占的区域，使整个画面更美观。
- 在制作和处理图像时，应该根据图像的独立性创建需要的各个图层，以方便对各个图像进行编辑。

图16-29　案例效果

- 当图层过多时，还应该对相同类型的图层进行编组，从而便于在编辑图像时进行查找。
- 在绘制图像时，应该根据需要合理选用文字工具、矢量工具或路径工具，快速准确地绘制所需的图像。

操作过程

根据刚才所做的案例分析，具体操作可分为两部分：创建背景图像和制作文字效果。

1. 创建背景图像

01 启动Photoshop应用程序，按Ctrl+N组合键，打开"新建文档"对话框，对新的图像文件进行命名，设置图像的宽度为60厘米、高度为80厘米，然后单击"创建"按钮，如图16-30所示。

02 设置前景色为深红色(R100,G5,B29)，按Alt+Delete组合键填充背景，如图16-31所示。

03 新建一个图层，使用钢笔工具在图像中绘制曲线路径，如图16-32所示。

图16-30　新建文档

图16-31　填充背景

图16-32　绘制曲线路径

04 按Ctrl+Enter组合键将路径转换为选区。在工具箱中选择渐变工具，在属性栏中设置渐变方式为线性渐变，颜色为从橘黄色(R183,G159,B116)到透明。然后在选区内从下往上拖动鼠标进行填充，设置图层的不透明度为70%，得到如图16-33所示的效果。

05 打开"素材\第16章\花朵.psd"素材图像，使用移动工具将其拖入当前编辑的图像中，放到画面的四周，然后使用画笔工具在图像中绘制多个散乱的黄色圆点，如图16-34所示。

图16-33　渐变填充图像　　　　　　　　　图16-34　绘制黄色圆点

2. 制作文字效果

01 使用横排文字工具在图像中输入3，在属性栏中设置字体为"方正粗黑简体"，填充为深红色(R79,G8,B39)，如图16-35所示。

02 选择"图层"|"图层样式"|"斜面和浮雕"命令，打开"图层样式"对话框，设置样式为"内斜面"、高光模式为"正常"且颜色为淡黄色(R241,G203,B158)、阴影模式为"正片叠底"且颜色为深红色(R122,G13,B13)，其他参数的设置如图16-36所示。

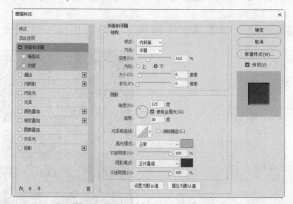

图16-35　输入并设置文字　　　　　　　　图16-36　设置斜面和浮雕样式

03 在"图层样式"对话框的左侧选中"描边"样式，设置大小为10像素、位置为"外部"，选择填充类型为"渐变"，并且从橘黄色(R247,G172,B82)到淡黄色(R250,G222,B188)进行渐变，其他参数的设置如图16-37所示。

04 在"图层样式"对话框的左侧选中"内阴影"样式，设置内阴影颜色为深红色，其他参数的设置如图16-38所示。

05 单击"确定"按钮，得到的文字效果如图16-39所示。

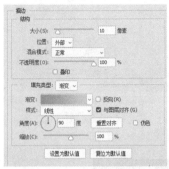

图16-37　设置描边样式

图16-38　设置内阴影样式

图16-39　文字效果

06 打开"素材\第16章\花瓣.psd"素材图像，使用移动工具将其拖入当前编辑的图像中，放到文字中，如图16-40所示。

07 选择"图层"|"创建剪贴蒙版"命令，得到剪贴图层，将超出文字以外的图像隐藏起来，如图16-41所示。

图16-40　添加素材图像（一）

图16-41　创建剪贴蒙版

08 打开"素材\第16章\鱼.psd"素材图像，使用移动工具将其拖入当前编辑的图像中，放到文字的下方，效果如图16-42所示。

09 使用横排文字工具在图像的左上方输入文字，在属性栏中设置字体为"方正粗黑简体"，填充为白色，如图16-43所示。

10 选择"图层"|"图层样式"|"投影"命令，打开"图层样式"对话框，设置投影颜色为深红色(R138,G0,B0)，其他参数的设置如图16-44所示。

11 单击"确定"按钮，得到的文字投影效果如图16-45所示。

⑫ 输入其他广告文字，添加投影样式，并参照图16-46所示的样式进行排列，完成本案例的制作。

  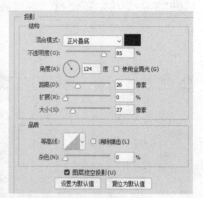

图 16-42　添加素材图像（二）　　图 16-43　输入并设置文字　　　　　图 16-44　设置投影样式

图 16-45　文字投影效果　　　　　　图 16-46　添加并排列其他文字

16.3　思考与练习

1. 在Photoshop中，打开文档的快捷键是_____。

　　A. Ctrl+ D　　　　　B. Ctrl+H　　　　　C. Ctrl+N　　　　　　D. Ctrl+O

2. 在Photoshop中，新建文档的快捷键是_____。

　　A. Ctrl+ D　　　　　B. Ctrl+H　　　　　C. Ctrl+N　　　　　　D. Ctrl+O

3. 创建选区后，按_____键可以取消选区。

　　A. Ctrl+D　　　　　B. Ctrl+H　　　　　C. Ctrl+N　　　　　　D. Ctrl+O

4. 使用多边形工具绘制多边形时，为什么绘制出来的是多边形路径？

5. 如何将路径以路径中心为基点进行等比例缩放？

6. 平面设计的基本流程是什么？